U0160097

住房和城乡建设部"十四五"规划教材
高等学校建筑电气与智能化专业推荐教材

# BIM 技术与应用开发

王　佳　周小平　主　编
杨亚龙　陆一昕　王　静　副主编
方潜生　主　审

中国建筑工业出版社

图书在版编目（CIP）数据

BIM 技术与应用开发/王佳等主编 . —北京：中国
建筑工业出版社，2021.12
住房和城乡建设部"十四五"规划教材 高等学校建
筑电气与智能化专业推荐教材
ISBN 978-7-112-26884-9

Ⅰ.①B… Ⅱ.①王… Ⅲ.①建筑设计-计算机辅助
设计-应用软件-高等学校-教材Ⅳ.①TU201.4

中国版本图书馆 CIP 数据核字（2021）第 247803 号

BIM（Building Information Modelling，建筑信息模型）是建筑设施物理与功能特征的数字化表达，在建筑的全生命周期中，为各参与方提供可靠的共享知识资源，用于协同工作和科学决策。BIM 是建筑业转型升级的重要抓手，也是智慧城市建设的关键数据源。本书对 BIM 技术的深层次含义、BIM 全过程应用价值和 BIM 数据标准进行了全面阐述，同时针对 BIM 的应用开发技术和方法，包括 BIM 应用开发程序基础、BIM 语义及其应用开发、BIM 关系及其应用开发，以及 BIM 与建筑智能感知系统融合应用开发等，进行了深入浅出的讲述，并提供了大量的代码和实例。本书适用于建筑类高校电子信息类（自动化、计算机、软件工程、人工智能、大数据等）专业、建筑电气与智能化专业的 BIM 人才培养，也适合社会从业人员的自学和应用实践。

教师课件获取方法见封底，更多讨论可加 QQ 群：749418342。

责任编辑：张　健
文字编辑：胡欣蕊
责任校对：张　颖

住房和城乡建设部"十四五" 规划教材
高等学校建筑电气与智能化专业推荐教材
## BIM 技术与应用开发
王　佳　周小平　主　编
杨亚龙　陆一昕　王　静　副主编
方潜生　主　审

\*

中国建筑工业出版社出版、发行（北京海淀三里河路 9 号）
各地新华书店、建筑书店经销
北京科地亚盟排版公司制版
廊坊市海涛印刷有限公司印刷

\*

开本：787 毫米×1092 毫米　1/16　印张：11¾　字数：289 千字
2022 年 8 月第一版　　2022 年 8 月第一次印刷
定价：**39.00 元**（赠教师课件）
ISBN 978-7-112-26884-9
（38652）

版权所有　翻印必究
如有印装质量问题，可寄本社图书出版中心退换
（邮政编码 100037）

# 出　版　说　明

党和国家高度重视教材建设。2016年，中办国办印发了《关于加强和改进新形势下大中小学教材建设的意见》，提出要健全国家教材制度。2019年12月，教育部牵头制定了《普通高等学校教材管理办法》和《职业院校教材管理办法》，旨在全面加强党的领导，切实提高教材建设的科学化水平，打造精品教材。住房和城乡建设部历来重视土建类学科专业教材建设，从"九五"开始组织部级规划教材立项工作，经过近30年的不断建设，规划教材提升了住房和城乡建设行业教材质量和认可度，出版了一系列精品教材，有效促进了行业部门引导专业教育，推动了行业高质量发展。

为进一步加强高等教育、职业教育住房和城乡建设领域学科专业教材建设工作，提高住房和城乡建设行业人才培养质量，2020年12月，住房和城乡建设部办公厅印发《关于申报高等教育职业教育住房和城乡建设领域学科专业"十四五"规划教材的通知》（建办人函〔2020〕656号），开展了住房和城乡建设部"十四五"规划教材选题的申报工作。经过专家评审和部人事司审核，512项选题列入住房和城乡建设领域学科专业"十四五"规划教材（简称规划教材）。2021年9月，住房和城乡建设部印发了《高等教育职业教育住房和城乡建设领域学科专业"十四五"规划教材选题的通知》（建人函〔2021〕36号）。为做好"十四五"规划教材的编写、审核、出版等工作，《通知》要求：（1）规划教材的编著者应依据《住房和城乡建设领域学科专业"十四五"规划教材申请书》（简称《申请书》）中的立项目标、申报依据、工作安排及进度，按时编写出高质量的教材；（2）规划教材编著者所在单位应履行《申请书》中的学校保证计划实施的主要条件，支持编著者按计划完成书稿编写工作；（3）高等学校土建类专业课程教材与教学资源专家委员会、全国住房和城乡建设职业教育教学指导委员会、住房和城乡建设部中等职业教育专业指导委员会应做好规划教材的指导、协调和审稿等工作，保证编写质量；（4）规划教材出版单位应积极配合，做好编辑、出版、发行等工作；（5）规划教材封面和书脊应标注"住房和城乡建设部'十四五'规划教材"字样和统一标识；（6）规划教材应在"十四五"期间完成出版，逾期不能完成的，不再作为《住房和城乡建设领域学科专业"十四五"规划教材》。

住房和城乡建设领域学科专业"十四五"规划教材的特点：一是重点以修订教育部、住房和城乡建设部"十二五""十三五"规划教材为主；二是严格按照专业标准规范要求编写，体现新发展理念；三是系列教材具有明显特点，满足不同层次和类型的学校专业教学要求；四是配备了数字资源，适应现代化教学的要求。规划教材的出版凝聚了作者、主审及编辑的心血，得到了有关院校、出版单位的大力支持，教材建设管理过程有严格保障。希望广大院校及各专业师生在选用、使用过程中，对规划教材的编写、出版质量进行反馈，以促进规划教材建设质量不断提高。

住房和城乡建设部"十四五"规划教材办公室

2021年11月

# 序

自 20 世纪 80 年代智能建筑出现以来，智能建筑技术迅猛发展，其内涵不断创新丰富，外延不断扩展渗透，成为世界范围内教育界和工业界的研究热点。21 世纪以来，随着我国国民经济的快速发展，新型工业化、信息化、城镇化的持续推进，智能建筑产业不但完成了"量"的积累，更是实现了"质"的飞跃，已成为现代建筑业的"龙头"，为绿色、节能、可持续发展和"碳达峰、碳中和"目标的实现做出了重大的贡献。智能建筑技术已延伸到建筑结构、建筑材料、建筑设备、建筑能源以及建筑全生命周期的运维服务等方面，促进了"绿色建筑""智慧城市"日新月异的发展。国家"十四五"规划纲要提出，要推动绿色发展，促进人与自然的和谐共生。智能建筑产业结构逐步向绿色低碳转型，发展绿色节能建筑、助力实现碳中和已经成为未来建筑行业实现可持续发展的共同目标。建筑电气与智能化专业承载着建筑电气与智能建筑行业人才培养的重任，肩负着现代建筑业的未来，且直接关系到国家"碳达峰、碳中和"目标的实现，其重要性愈加凸显。教育部高等学校土木类专业教学指导委员会、建筑电气与智能化专业教学指导分委员会十分重视教材在人才培养中的基础性作用，多年来积极推进专业教材建设高质量发展，取得了可喜的成绩。为提升新时期专业人才服务国家发展战略的能力，进一步推进建筑电气与智能化专业建设和发展，贯彻住房和城乡建设部《关于申报高等教育、职业教育住房和城乡建设领域学科专业"十四五"规划教材的通知》（建办人函〔2020〕656 号）精神，建筑电气与智能化专业教学指导分委员会依据专业标准和规范，组织编写建筑电气与智能化专业"十四五"规划教材，以适应和满足建筑电气与智能化专业教学和人才培养需求。该系列教材的出版目的是为培养专业基础扎实、实践能力强、具有创新精神的高素质人才。真诚希望使用本规划教材的广大读者多提宝贵意见，以便不断完善与优化教材内容。

教育部高等学校土木类专业教学指导委员会副主任委员
建筑电气与智能化专业教学指导分委员会主任委员　方潜生

# 前　言

BIM（Building Information Modeling，建筑信息模型）是建筑设施物理与功能特征的数字化表达，在建筑的全生命周期中，为各参与方提供可靠的共享知识资源，用于协同工作和科学决策。BIM 是建筑业转型升级的重要抓手，也是智慧城市建设的关键数据源，为建筑行业的管理决策和精细化城市治理等提供了可靠的基础设施大数据。近年来，国务院及相关部委、各省市等都相继推出了 BIM 实施指南、标准和指导建议等。当前，BIM 人才缺失已成为建筑业转型升级和智慧城市建设的制约要素之一。

面对市场对 BIM 人才的迫切需求，国内外大中专院校都纷纷开设了 BIM 相关课程，并相继出版了配套教材。从教材来看，当前 BIM 教材大体可以分为两类，BIM 建模类教材和 BIM 概论类教材。

（1）BIM 建模类教材。BIM 建模类教材以介绍 BIM 的建模技术为主，辅以 BIM 价值论述或应用。该类教材重点培养学生的 BIM 建模能力。例如，全国高等职业教育暨培训教材《BIM 技术应用基础》在系统介绍 BIM 建模技术的基础上，阐述了基于 BIM 的工程算量和 5D 应用。

（2）BIM 概论类教材。BIM 概论类教材主要从宏观层面介绍 BIM 的基本概念、常见软件和应用价值。该类教材主要培养学生掌握 BIM 的基本概念和方法。例如，BIM 技术人才培养项目辅导教材编委会出版的《BIM 技术概论》主要从宏观角度讲述 BIM 的基础知识及所用模型和软件；"1＋X"职业技能等级证书系列教材和建筑信息模型（BIM）技术员培训教程《建筑信息模型（BIM）概论》主要阐述了 BIM 概述、BIM 软件以及 BIM 在各阶段应用。此外，还包括中国工程院丁烈云院士主编的《BIM 应用·施工》、中国工程院李建成院士编著的《BIM 应用·导论》、广州优比建筑咨询有限公司 CEO 何关培主编的《BIM 总论》、美国乔治亚理工学院 Chuck Eastman 等人的《BIM Handbook》、美国南加利福尼亚大学 Karen 的《Building Information Modeling》以及美国佛罗里达大学 Nawari N. O. 和 Michael K. 的《Building Information Modeling：Framework for Structural Design》等。

因此，现有国内外 BIM 教材主要介绍 BIM 的基本概念、建模、价值与应用案例，旨在培养学生的 BIM 建模能力、BIM 的管理理念等，其主要面向建筑、土木工程和工程管理等专业学生设置。协同推进建筑信息模型（BIM）、大数据、移动互联网、云计算、物联网、人工智能等技术在设计、施工、运营维护全过程的集成应用，为建筑全生命周期科学决策提供依据，是实现 BIM 真正价值的技术关键。由于学科交叉性，现有教材很少涉及面向全过程的 BIM 应用开发，难以培养既懂 BIM 又掌握新一代信息技术的复合型人才。这也极大地制约了 BIM 技术在建筑全生命周期的集成应用，成为建筑业现代化转型和智慧城市建设的人才瓶颈。当前，全国"建筑电气与智能化"专业和建筑类高校电子信息类（计算机、自动化、人工智能和大数据等）专业迫切需要一本阐述 BIM 与信息技术协同应用开发的教材，以培养建筑与信息技术交叉复合型实践人才。

针对上述实际需求，本书以"BIM 及其应用开发"为培养目标，分 9 个章节展开阐述。

第 1 章主要介绍 BIM 的定义以及 BIM 数据标准；并结合我国建筑业发展的新方向，介绍了 BIM 技术的应用及前景趋势。王佳、陆一昕、杨亚龙和周炜参与了本章的编写工作。

第 2 章以 BIM 相关国家方针政策为核心，全面介绍了 BIM 相关政策的制定背景、我国 BIM 国家政策、BIM 推广及教育情况以及国内外的主要 BIM 标准。王静、裘建峰参与了本章的编写工作。

第 3 章从 BIM 在建筑领域的应用价值出发，全面阐述了其在现阶段建筑全生命周期中发挥的重要作用和优势，以及与当前新一代 IT 技术的融合发展趋势和价值。陆一昕、王佳参与了本章的编写工作。

第 4 章阐述面向 BIM 应用开发的程序设计、软件开发和平台开发等基础知识，包括面向对象程序设计、面向对象的思维在 IFC 标准中的应用、Web 应用程序编程接口以及 BIM 应用开发方法等。周小平、吴磊参与了本章的编写工作。

第 5 章从 BIM 可视化的基础内容出发，全面介绍可视化包含的基础数据与知识等概念，并给出了 BIM Web 可视化的一般方法。周小平、隗公博参与了本章的编写工作。

第 6 章以 Revit 为例，介绍 BIM 设计的基本方法。具体地，以创建一个双层别墅项目为例，从创建标高和轴网开始，到其中的墙门窗、楼梯、屋顶和家具等，详细讲解 BIM 设计的基本过程。王佳、周小平、孙凯月参与了本章的编写工作。

第 7 章介绍语义的概念及其在 BIM 中的应用，包括语义及 BIM 语义的概念，BIM 语义配置，以及基于 BIM 语义的 BIM 构件检索应用开发。周小平、刘玥、张伟松参与了本章的编写工作。

第 8 章介绍 BIM 实体关系及其分类，BIM 实体关系描述，重点讲述 BIM 的空间关系与连接关系，并以 BIM 模型空间导览和 BIM 管道连接两个示例介绍 BIM 实体关系的应用开发。周小平、苏鼎丁、穆磊、马可天参与了本章的编写工作。

第 9 章介绍 BIM 与建筑实时感知系统交互应用开发，包括建筑实时感知系统与设备、建筑物联网、BIM 与建筑实时数据交互应用开发示例等。王佳、周小平、齐彤华、郭强参与了本章的编写工作。

王佳、周小平负责了全书的统稿。

本书网站为：小红砖网站，读者可从该网站获取相关课件和示例代码。本书撰写过程中得到了谢青生、李鎏然等的帮助，在此表示衷心感谢。

书中疏漏在所难免，敬请读者多多指正。

# 目　　录

# 第 1 章　什么是 BIM

本章节阐述了 BIM 技术定义的相关内容以及 BIM 的数据标准。结合我国建筑业发展的新方向，介绍了 BIM 技术的应用及前景趋势。通过本章节的介绍，旨在使读者全面掌握了解 BIM 技术的相关知识。

## 1.1　BIM 的由来

### 1.1.1　BIM 的由来

BIM，即建筑信息模型（Building Information Modeling）。1975 年，乔治亚理工学院（Georgia Institute of Technology）的 Chuck Eastman 教授在 AIA Journal 杂志上提出"Building Description System"的概念，当时提出的概念主要是模仿了制造业的产品信息模型，想借此把它引入建筑行业，给人以视觉上的冲击。在数量与数据方面，他提出建立一个全面、详细的数据库，并开始在美国推广和应用，Chuck Eastman 教授也因此被誉为"BIM 之父"。进入到 20 世纪 80 年代，芬兰学者针对该模型建立了"Product Information Model"体系，进行了更深一步的研究。1997 年，Tolman 教授发表了一篇关于"Building Information Modeling"的论文，BIM 的概念就此提出，并沿用至今。

由于当时计算机水平落后，BIM 技术在当时并没有进行大面积推广，也无法在建筑行业中进行应用。直至 2002 年，Autodesk 公司推出了一款三维的设计建筑软件，并在建筑设计行业进行推广，逐渐被业内人士认可，至此 BIM 由纯理论研究开始向解决工程实际问题落地。BIM 是一个完整的理论体系，是建筑的数字化描述体系，因此 BIM 绝不是一个或一类设计软件，这已经在国际学术界和行业达成了广泛的共识。基于 BIM 思想的三维设计技术，已成为工程行业的新兴设计技术，因此基于 BIM 的设计工具软件（建模软件）、深化分析软件、施工过程项目管理软件都快速发展，造就了一大批优秀的软件和软件企业。其中，BIM 核心建模体系主要包括建筑和结构设计类软件（RevitArchitecture、RevitStructural、ArchiCAD 等）、设备专业设计类软件（RevitMEP、DesignMaster 软件系列等）以及工业设计和基础设施建筑类设计软件（Bentley Mechanical Systems 等）；基于 BIM 的深化分析软件（Green building studio、斯维尔绿建等）、机电分析软件（Trane 等）、结构分析软件（PKPM、YJK、SAP2000 等）；施工过程项目管理软件有施工进度管理软件（MS project、Naviswork 等）、造价管理软件（广联达、鲁班等）。

现在，基于 BIM 理念的工具软件在建筑的建造过程中已经有了广泛的应用，人们利用这些设计软件、分析软件、管理软件来完成设计、优化模拟、施工管理的部分工作。但是，实际上从 BIM 的思想体系出发，使用者希望从项目立项开始，到设计、招标、实施、运营维护、甚至改造拆除，即在项目的整个全生命期内，都可以应用 BIM 技术为各项工作提供服务，以提高工作的准确度和效率。为实现这样的目标，以 BIM 模型为基础的建筑数据流传和使用，是非常重要的基础。在项目全生命期的过程中，各参与单位甚至是个人都可以随时按需提取各种数据，随时交流信息，及时处理问题。因此 BIM 技术更大的未来在于 BIM 模型的数据化，以及基于建筑数据的二次开发能力，为业务提供服务的能力，基于 BIM 的应用开发将会成为全行业赋能的坚强基石。

### 1.1.2 BIM 技术在建筑领域的巨大机遇

现今，建筑行业正稳步走向现代化、工业化和信息化。在过去二十年里，计算机辅助绘图——CAD（Computer Aided Design）技术已经广泛应用于建筑行业中，由于这项技术的成熟发展，使建筑师、结构师们从手制绘图时代转变为了电子绘图时代。与此同时 CAD 技术的应用发展，一方面改变了传统设计的流程和生产方式，另一方面提高了工程设计的效率和设计质量，可以说这是工程设计领域的第一次革命。

随着建设项目复杂程度的不断增加，使用以往的 CAD 技术难以满足现在越来越复杂的设计要求。同时由于业主对工期和成本的严格把握，对设计成果的准确性、可用性、合理性都提出了更高的要求，因此基于 BIM 技术的三维设计方法得到了快速推广，也被越来越多的人广泛使用。BIM 技术不仅使建筑设计方式从传统的二维平面设计转向三维数字化设计，而且改变了以往项目各参与方的工作方式。应用 BIM 技术使各参与方可以通过文件共享的方法快速协同工作。例如，在设计阶段项目负责人可以通过模拟施工及早发现问题并解决，同时在施工阶段可以科学地指导施工过程，优化施工组织设计和方案，合理配置项目生产要素，从而实现资源最大范围的合理利用，在项目的整个全生命期内发挥巨大的价值。其可视化、数据化、协同性、模拟性和优化性等特点，都极大程度地提升了工程决策、设计规划和管理水平，减少了设计阶段的成本浪费和施工阶段的返工浪费，有效缩短了建筑工期，提高了建筑工程的质量和投资效益。

随着 BIM 在设计和施工阶段越来越广泛地应用，人们承认 BIM 技术的强大能力可以解决当前建筑设计领域信息化的瓶颈问题。在国家政策的大力推进下，国内已有大量的项目在设计和施工阶段应用了 BIM 技术，市场上也培养了一大批 BIM 设计人才和建模工程师。随着一系列应用 BIM 设计的项目交付，BIM 技术在中国市场已开始发挥其巨大价值，基于 BIM 技术的运维管理也成为行业内人们关注的热点，迎来了 BIM 技术的巨大发展机遇。

BIM 技术使建筑行业真正步入了人类的第三次工业革命，即信息时代。同时，随着互联网技术不断给产业带来变革，建筑领域需要新的技术和思维方式实现转型和升级，BIM 技术的优势更是被不断挖掘，不断得到更多的认可。BIM 颠覆了传统建筑行业的工作方式，通过可视化的方式降低了专业知识的沟通和交流门槛，通过云技术使得信息的分享更加及时和便捷，更为重要的是，作为空间数据的最为重要来源，BIM 正成为各行各业在空间服务时的重要基础，成为智慧空间服务的共享数据源。

### 1.1.3 国内外的研究现状

1. BIM 在欧美国家的发展应用

美国是最早开始 BIM 研究和应用的国家，很多项目都已陆续使用 BIM 技术进行设计、施工和运维管理，BIM 的相关标准也在不断建立和完善。根据 McGraw Hill 的调查表明，从 2007 年仅有 28% 的工程项目使用 BIM 技术增加到了 2009 年的 49%；到 2012 年，此比例已经达到了 71%，并且将逐年增加。其中 74% 的项目承包商已经开始使用 BIM 技术，可见 BIM 技术的价值在不断被体现。

GSA（General Service Administration）美国联邦总务署，其主要的职责是负责美国联邦设施的建设和运营工作。GSA 的下属部门 PBS（Public Building Service）公共建筑服务部，为了提高建筑行业的整体生产效率和信息化水平，在美国推出了一项名为"3D-4D-BIM"的计划。提出该计划的目的是给所有应用 BIM 技术的项目团队，提供全方位一站式的保障服务。同时，PBS 还要求从 2007 年起，所有的大型项目均需要应用 BIM 技术。

NIBS（National Institute of Building Science）美国建筑科学研究院是一个非盈利、非政府的组织，它主要倡导通过提升技术，改善建筑性能，减少能源的浪费。NIBS 在 2007 年 12 月份，制定并发布了美国国家 BIM 标准的第一版的第一部分，该标准主要覆盖了"信息交互共享"和"开发过程"等方面的内容；在 2012 年 5 月，发布了第二版的内容，这次标准的内容增加了 BIM 实施的过程，使各参与方更好地实现专业协同和信息共享，加快建筑信息化的进程。

英国 NBS（National Building Specification）组织自 2010 年起连续十年在英国开展了关于 BIM 的网络调研。这项调研分为两个方面，一方面调查英国群众对 BIM 技术的了解程度，另一方面调查英国项目应用 BIM 技术的程度，通过调研数据得到英国 BIM 技术的发展状况。在 2010 年，仅仅有 13% 的群众和公司了解且正在应用 BIM，而该数据在 2020 年发展到了 73%，是 2010 年的近六倍；在 2011 年，从未听说也没有应用 BIM 的群众和公司占 43%，而这一数据在 2020 年降到了 1%。由此可见，英国建筑行业对 BIM 技术的关注程度逐年增加，使用率也迅速升高。

2011 年 5 月，英国内阁办公室发布了政府建设战略文件（Government Construction Strategy），这项文件明确规定了到 2016 年英国政府要求在建筑领域实现全面协同的 3D-BIM 技术，并对所有相关的数据文件进行信息化管理。为了配合这一战略构想的实施，由英国政府主导的 BIM 工作组颁布了系列 BIM 标准，其中国际标准组织将英国标准《Spe cification for information management for the capital/delivery phase of construction projects using building information modelling》PAS 1192－2013：2 及其相关标准列为 BIM 在信息管理方面的国际标准《Building Information Modelling（BIM）》ISO 19650 向全球推广。此外，英国政府在现有 BIM 规范制度基础之上于 2015 年初又提出了"英国数字建造"的计划（Digital Built Britain），意在全球化的数字经济竞争中在建造环境领域取得领先优势。剑桥大学于 2017 年成立了"英国数字建造中心-cdbb"推进相关的政策和技术方面的研究。

2. BIM 在亚洲国家的发展应用

从 2009 年开始，越来越多的日本建筑设计企业、施工企业开始使用 BIM 技术，因此日本把 2009 年被视为日本 BIM 技术发展的元年。为了进一步探究 BIM 的可视化设计、专业协同设计以及各专业间数据信息共享的价值，在 2010 年 3 月，日本国土交通省选出了一个政府设计项目作为 BIM 技术的应用试点，并于同年秋季，日本 BP 社（日本最大的专业出版集团）对 500 多位从事建筑设计、施工领域的专业人士进行了调查研究，调查结果表明受采访者对 BIM 技术的了解程度从 2007 年的 30.2% 增加到了 2010 年的 76.4%。2012 年日本建筑学会制定并发布了日本 BIM 应用指南，该指南很好地促进了 BIM 技术在日本建筑行业设计、施工的应用。

PPS（Public Procurement Service）韩国公共采购服务中心，作为负责韩国所有公共以及政府事业采购服务的执行部门，在 2010 年 4 月制定并发布了韩国 BIM 技术发展路线图。该策略分别从目标、对象、方法、预期成果四个方面阐述了 BIM 技术的发展策略。2010 年底，PPS 又制定发布了《设备管理的 BIM 应用指南》，韩国也旨在将 BIM 技术应用到建筑施工的各个阶段。韩国国土海洋部（Ministry of Land，Transport and Maritime Affairs）于 2010 年 1 月制定发布了《建筑领域 BIM 应用指南》，该指南确定了 BIM 技术实施标准，对建筑单位、设计单位、施工单位在 BIM 技术应用推广方面提供了支持和指导。

新加坡建筑管理署（Building and Constraction Authority，BCA）在 2011 年制定并发布了新加坡 BIM 发展路线规划（BCA's Building Information Modeling Roadmap），这项计划中分析了在新加坡推广 BIM 技术将会遇到的挑战，如：缺乏需求、固守于三维实践、学习曲线陡峭、缺乏 BIM 人才等。针对以上挑战，新加坡建筑管理署分别制定了不同的战略和实施：①新加坡政府部门带头，在所有新建工程项目中明确要求采用 BIM 技术；②制定 BIM 交付模板以扫除由 CAD 向 BIM 转化的障碍；③成立 BIM 基金鼓励企业发展应用 BIM；④鼓励大学开设有关 BIM 的课程，培养新型人才等。

3. BIM 在国内的发展应用

从 2001 年开始，国内开始正式引进并接触 BIM 理念和技术。中华人民共和国建设部于 2001 年制定并发布了《建筑事业信息化"十五"计划》并于 2003 年针对建筑事业信息化的发展需求进一步完善修改。这项计划更加明确了建筑业信息化发展的必要性，计划目标的第一条即为"完善建筑领域信息化标准体系"，计划提出的重点任务包括"将建筑事业单项应用趋于成熟的管理信息系统技术（MIS）、计算机辅助设计技术（CAD）、关系数据库技术（RDBS）、自动控制技术（AC）等进行面向应用主体的有机集成，使多项信息化技术在集成中提高企业管理一体化、可视化和网络化水平"，从政策上为中国 BIM 技术的发展与研究奠定了基础。

在 2001 年至 2006 年，国家"十五"科技攻关计划和"十一五"科技支撑计划中均包含了关于 BIM 技术方面的研究内容。主要包含：建筑业信息化标准体系以及关键标准研究；基于 BIM 技术的新一代建筑工程应用软件研究；勘察设计企业信息化关键技术研究与应用；建筑工程设计与施工过程信息化关键技术研究与应用；建筑施工企业管理信息化关键技术研究与应用等。

2011 年 5 月，住房和城乡建设部印发《2011—2015 建筑业信息化发展纲要》，其中 9 处涉及 BIM 技术。纲要中明确指出了在"十二五"期间，建筑业信息化发展的总体目标为基本实现建筑企业信息系统的普及应用，加快 BIM、基于网络的协同工作等技术在工程中的应用，推动信息化标准建设，促进具有自主知识产权软件的产业化，形成一批信息技术应用达到国际先进水平的建筑企业。

2015 年 6 月 16 日，住房和城乡建设部又制定发布了《关于推进建筑信息模型应用的指导意见》（以下简称《意见》），指出"到 2020 年末，建筑行业甲级勘探、设计单位以及特级、一级房屋建筑工程施工企业应掌握并实现 BIM 与企业管理系统和其他信息技术的一体化集成应用。到 2020 年末，以下新立项项目勘察设计、施工、运营维护中，集成应用 BIM 的项目比率达到 90%：以国有资金投资为主的大中型建筑；申报绿色建筑的公共建筑和绿色的生态示范小区。"《意见》强调了 BIM 技术在建筑领域应用的重要意义，提出了推进建筑信息模型应用的基本原则和指导思想。

除了国家部门在政策上的带头引导，国内有实力的建筑设计团队和各大院校学术界也纷纷开始学习研究 BIM 技术，其发展宗旨是围绕 BIM 技术这一核心来打造建筑信息化事业。在 2004 年至 2005 年间，同济大学、清华大学等先后成立 BIM 课题组。2008 年，中国 BIM 门户网成立，该网站的成立方便了人们有效获取 BIM 信息。2010 年 1 月，由 Autodesk 公司和中国勘察设计协会携手举办的首届"创新杯"BIM 设计大赛开幕，进一步提高了 BIM 技术在建筑领域的影响力。

由此可见，对于 BIM 技术的研究与发展，国内外都取得了显著的成果。在国外，BIM 的研究取得了一定的进展，BIM 技术已经广泛应用到建设项目的各个方面，一些国家政府也在制定更加适合本国的 BIM 标准，积极推广 BIM 的普及应用。对国内而言，BIM 技术的应用在我国越来越普及，目前政府和建筑行业大力发展 BIM 技术，使得 BIM 技术发展迅猛。

## 1.2　BIM 的定义

### 1.2.1　BIM 的定义

自 BIM 的概念出现至今，对于 BIM 技术的定义并没有形成统一而权威的说法，不少机构或学者，尤其是欧美地区都纷纷对 BIM 进行了定义。

美国 NBIMS（National Building Information Modeling Standard）定义 BIM，主要强调了 BIM 技术是一个建设项目物理特征和功能特性的数字化表达；是一个在全生命期中为所有决策者提供可靠数据的过程；是在不同设计阶段提供不同专业协同工作与系统设计的技术。

英国 BIM 标准对 BIM 的定义，认为 BIM 技术不仅包括图形，也包括其上游的数据。在设计和施工流程中创建和使用协调、内部一致且可计算的建筑项目信息。

可见，国外对 BIM 技术有各自不同的认识与定义。在国内，相关学者提出从三个层面对 BIM 进行定义：

（1）BIM 是一个设施（建设项目）物理和功能特性的数字化表达；

（2）BIM 是一个共享的知识资源，是一个分享有关这个设施的信息，从建设到拆除的全生命周期中的所有决策提供可靠依据的过程；

（3）在项目的不同阶段，不同利益相关方通过在 BIM 中插入、提取、更新和修改信息，以支持和反映其各自职责的协同作业。

对于该定义的解释为，BIM 是一个完整的理论体系，是对建筑构件的一种数字化表达。但人们却错误地认为 BIM 就是简单将建筑模型从传统的平面建模转变为三维立体建模。BIM 并不完全等同于三维建模，三维建模只是 BIM 技术其中的一小部分，应用 BIM 技术还可进行资源共享及协同作业等多方面工作。

比如，一位设计者完成了"床"的建模后，实际上"床"已经作为一个数据文件存在了，能以数据的方式被分享和复用。图 1-1 所示，将"床"模型上传到某平台后，在后台可看到这个模型文件的数据中心，此时"床"模型可用若干条数据的形式，与其他的计算机应用系统共享数据，这便是一种 BIM 资源的共享。如图 1-1 所示，在这个模型的数据中心里可显示出丰富的数据，包含基本信息、属性信息、空间架构树等，在右侧的数据列表中也显示对应选项下该构件的数据信息。这些数据可以以数据文件的形式进行下载和分享，并将其应用到各种所需的环境中。

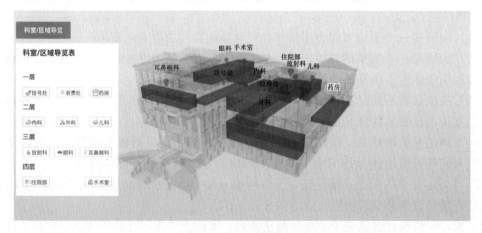

图 1-1    BIM 模型的数据中心

　　BIM 数据的分享可以为我们的生活带来很多的便利，如用于建筑的使用阶段，为设备管理、室内路线引导等提供数据服务。在某开放平台上有一个医院导览的公开示例就是很好的示范，将事先绘制的某医院 BIM 模型上传到平台后，做一些简单的网页开发，就可以实现导航到各科室的业务需求，如图 1-2 所示。试想一下，如果初到医院的人可以获得这样的服务，就可以非常快地了解医院各科室的位置，方便地来往于医院的各处，而实现这样的功能只需要把 BIM 模型中已有的建筑数据再次利用即可实现。

图 1-2    模拟空间区域导航

　　由此分析可见，BIM 模型不仅是一个三维的表达，其更大的价值是包含的丰富信息和建筑数据，BIM 模型是对建筑空间的完整描述，包括空间的几何信息、空间的功能属性、空间中的设备，甚至还包括空间与空间、空间与设备、空间与人的关系，这些丰富数据在建筑的全生命周期中不断完善、丰富和复用，与不断发展的计算机技术、人工智能、物联网、云技术深度融合，将为人类未来生活开启一个新纪元。

### 1.2.2　BIM 的特征

BIM 可用于建筑项目的全生命期，包括决策阶段、规划设计阶段、施工阶段、后期运营维护阶段等。BIM 技术绝不仅仅是一系列的三维建模工具软件，也不是 CAD（计算机辅助设计）技术的升级，而是信息技术与建筑业的深度融合，BIM 模型是建筑数据最重要的来源。BIM 主要有以下的特点：

#### 1. 可视化

BIM 实现"所见即所得"。"所见"是指可以让观者看到准确的形状和建筑各结构体之间的视觉关系，"所得"是指不但可以在视觉上看到，还可以通过 BIM 的数据获得大量的准确信息，包括尺寸、材质、结构特点、体积、面积等。这种直观的方式，方便不同专业背景的参与者沟通交流，在建造期间可大大避免出现各专业冲突的现象，尤其是复杂建筑设计中，减少了工程由于设计问题导致的返工，从而可有效地控制建造成本。可视化方式让设计方与业主方的沟通变得更加有效，业主能够突破专业壁垒，直观地理解建设项目的设计意图，把控建造过程。应用 BIM 技术在整个建造过程中，通过可视化的方式，有效地进行项目的进度管理、成本管理和风险控制，可极大地提升项目管理的科学化水平。

#### 2. 数据化

BIM 实现工程项目数据化。BIM 技术不再是简单的绘图或建模工具，而是以三维的方式建立建筑信息模型。其基本组成元素（梁、柱、墙、门窗等）包含着丰富的信息，例如物理信息、几何信息、技术信息、构造信息等，这些信息以数字化的形式存储在模型的数据库中，从而实现了项目管理过程中对大量数据的有效存储、快速准确计算和分析。

BIM 模型是建筑数据的载体，用丰富的多维度数据来定义图元的特征，确定各构件之间的关系。这些数据资源为建筑的全生命期使用，提供了巨大的资源和宝藏。

#### 3. 协同性

BIM 的协同性。BIM 的可视化和数据化特点，为建筑项目各参与方的信息共享提供了特有的支持，为建筑全生命期中所有参与者提供了协同工具。BIM 是一个透明的、可核查的、可复制的、可持续的系统工作平台。在这个平台上，设计方、建设方和施工方等项目各参与方可以及时进行沟通，共享项目信息。BIM 可以帮助解决项目从勘探设计，到环境适应，最后到具体施工的全过程协同问题。在建筑物建造前期，可以对建筑信息模型中各专业的碰撞问题进行协调，生成协调数据，并能在模型中生成解决方案，为提升管理效率提供了极大的便利。

#### 4. 模拟性

BIM 的模拟性。在设计阶段，BIM 可以通过模拟进行设计优化，如朝向分析、节能分析、疏散模拟、日照模拟、热能传导模拟等；在施工阶段，可以进行施工过程模拟来优化施工组织，从而确定合理的施工方案指导实际施工，控制施工进度。同时还可进行 5D 模拟，实现成本管理等。

#### 5. 优化性

BIM 的优化性。在实际工程中，整个设计、施工、运营的过程就是一个不断优化的过程。虽然优化和 BIM 不存在实质性的必然联系，但在 BIM 的基础上可以做更好的优化。优化受三种因素的制约：信息、复杂程度和时间。没有准确的信息，做不出合理的优化结果，BIM 模型提供了建筑物的实际存在的信息，包括几何信息、物理信息、规则信息，还提供了建筑物变化以后的实际存在信息。复杂程度较高时，参与人员本身的能力无法掌握所有的信息，必须借助一定的科学技术和设备的帮助。现代建筑物的复杂程度大多超过参与人员本身的能力极限，BIM 及与其配套的各种优化工具提供了对复杂项目进行优化的可能。

### 1.2.3 BIM 的应用

BIM 技术基于信息化和三维数字模型技术，可以应用于建设工程项目的决策阶段、规划设计阶段、施工阶段、运营维护阶段等。其可视化、数据化、专业协调管理以及模拟优化等特点都极大地提升了工程决策、规划设计、施工和运营维护的管理水平，减少设计阶段和施工阶段的返工浪费，有效地缩短了建设工期，提高工程的质量和投资效益。

1. 基于 BIM 的规划、设计

规划阶段对于整个建筑工程来说，其主要工作是进行比较具体的设计和综合考量，是工程项目建设的首要环节。通过应用 BIM 技术，可以帮助业主直观地了解建筑物体复杂的造型，同时能了解它的内部空间布置情况，模拟分析建筑物的能耗和各个部位的通风、采光等重要信息，帮助业主从全生命期角度考虑建造的成本，最大化提高方案的收益。

例如，武汉中心项目利用 BIM 技术的参数化设计对建筑进行找形和幕墙系统设计。首先利用 BIM 软件将模型沿楼层高度方向进行切片处理，生成各个楼层的建筑轮廓线，并用参数化的概念将建筑幕墙进行划分。划分过程中改变参数大小以调整优化各个幕墙板块的尺寸，将调整好的幕墙板块整合到三维模型中，形成各种复杂的空间曲面造型。最终将模型导入 Autodesk Revit 软件中将三维模型进行渲染、出图。除此之外，武汉中心项目还利用 BIM 技术进行建筑前期性能的分析，包括消防性能分析、建筑节能分析、日照分析等。

设计阶段的 BIM 应用使整个建筑领域由传统的二维工作方式转变为三维的工作方式。BIM 技术让三维模型可视化设计、管线碰撞检测、各专业协同工作与协同设计、联动修改等成为可能。通过 BIM 模型的搭建，可以提前发现项目中出现的错、漏、碰等设计失误，减少了返工造成的经济损失和工期损失。专业协同极大地避免了各专业"信息孤岛"现象，提高了设计的整体质量和水平，联动修改可以提高从业人员的工作效率。

北京市最高的地标建筑"中信大厦"项目在项目设计阶段，因塔楼中部极其复杂的收腰造型对整个结构体系的安全产生了不利的影响。在建筑师和结构工程师的密切合作下，基于 BIM 技术的参数化设计和协同设计为中信大厦量身打造了一套几何控制系统，并由该系统控制完成了塔楼结构体系、幕墙体系和维护体系在建筑上的精确表达。可见，BIM 技术为中信大厦项目的规划设计提供了重要的技术支持。

2. 基于 BIM 的施工管理

在施工阶段，BIM 技术统筹管理信息库。可以通过三维模型实时漫游，从而实现精细化施工，合理安排施工顺序，进而避免工程技术人员因误读图纸引起的施工错误。此外，BIM 技术还包括 4D 应用，即将三维模型加入时间维度进行项目施工过程的模拟和施工进度的控制管理，分析对比各施工方案的优缺点以得到最佳方案。在设计阶段建立的信息数据库，可以通过专业协同传递给造价方进行工程量统计和施工预算。除此之外，还可以利用 BIM 技术对结构进行深化设计、复杂节点设计等。

位于深圳福田中心区商务地块的深圳平安金融中心项目，由于狭窄有限的施工场地和人工费用的不断提高，决定采用 BIM 技术对该项目进行虚拟建造。提前考虑所有可能遇到的不利因素，从施工角度进行结构深化设计，将模型构件按制作加工厂家的产品进行分段处理，并且利用软件进行前期的预拼装，大大提高了安装定位的精准度。

3. 基于 BIM 的运营维护

BIM 技术在建设项目的运营阶段，尤其是对大体量建筑和工业项目十分重要。在规划阶段、设计阶段和施工阶段，建立或修改的所有数据信息都将同步更新到数据库中，形成 BIM 竣工模型，实现动态检测并记录所有设备的运行信息及状态，为后期建筑、设备的运营维护提供依据。

随着我国数字化进程的推进，BIM 技术也获得了越来越多的关注。除上述列举的案例，国内应用 BIM 技术的典型案例还有很多，如：上海中心大厦在设计阶段、施工阶段利用 BIM 可视化设计和模拟施工；腾讯总部大楼运用 BIM 进行项目进度控制和工程质量管理；杭州奥体中心在设计阶段和钢结构深化阶段利用 BIM 技术等。

BIM 技术在工程项目设计、施工、运营管理等各个阶段都可为参与者所利用，这些参与者包括建筑设计师、结构设计师、承建公司、合同商、水电暖通工程师、物业、设备装置管理员等。BIM 技术的应用，使得项目各个阶段获得了极大的效益，为降低工程总成本，减少工程总成本提供了有力的支持。

## 1.3  BIM 的数据标准

### 1.3.1  IFC 标准概述

BIM 的使命是支持各种软件，以优质高效的标准完成各自业务职责，从而达到降低项目成本、优化项目性能和质量、缩短项目工期、提高运营维护效率的目的。为了完成这个使命，需要一个支持项目全生命期所有项目成员、所有阶段、所有软件产品之间自动进行信息交换的数据标准。

目前，国际建筑业广泛关注且接受的标准是 IFC 标准（Industry Foundation Classe）。IFC 标准的引入，使得工程全生命期不同阶段的信息交换和共享成为可能。并且，IFC 标准已经正式成为 ISO 标准，其标准号为 ISO/PAS 16739：205（《Industry Foundation Classes (IFC) for data sharing in the construction and facility managent industries》）。IFC 标准是一个不受某一个或某一组供应商控制的中性和公开标准，是一个由 BuildingSMART 开发并用来帮助工程建设行业数据互用的基于数据模型面向对象的文件格式，是 BIM 普遍使用的标准。

IFC 标准是一个综合的国际性标准，主要作用为交换和共享 BIM 建筑信息模型，IFC 体系结构是 AEC（Architecture/Engineering/Construction）领域中最全面并且面向对象的数据模型。IFC 构架使用由 STEP（Standard for the Exchange of Product Model Data）开发的面向对象的数据描述语言 Express 来描述建筑产品数据，具有形式化、规范化的特点。IFC 的作用及特点如图 1-3 所示。

IFC 标准是一个开放的，具有通用数据构

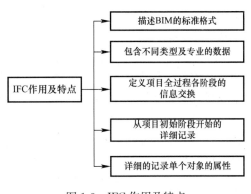

图 1-3  IFC 作用及特点

架并且提供多种定义和描述建筑构件信息的方式，为实现在建筑全生命期内信息交互化操作提供了可能性。正因为 IFC 的这项特征，使其在应用过程中存在大量的信息冗余，使得信息的识别和准确获取中存在一定的困难。为了解决这种问题，我们可以通过用标准化的 IDM（Information Delivery Manual，IDM）生成 MVD（Model View Definition）模型提高 BIM 模型的灵活性和稳定性。

MVD 模型视图是基于 IFC 标准的子模型，这个子模型定义所需要的信息由面向的用户和所交换的工程对象决定。模型视图定义（MVD）是建筑信息模型的子模型，是具备特定用途或针对某一专业的信息模型，包含本专业所需的全部信息。生成子模型 MVD 时，首先要根据需求制定信息交付手册，一个完整的 IDM 应包含流程图（Process Map）、交换需求（Exchange Requirements）和功能组件（Functional Parts）。对其制定步骤可以概括为三步：①确定应用实例情况的说明，明确应用目标过程所需要的数据模型。②模型交换信息需求的收集整理和建立模型。③在明确需求的基础上更加清晰地定义交换需求、流程图或者功能组件中所包含的信息，然后将这些信息映射成为 IFC 格式的 MVD 模型。

美国国家建筑信息模型标准 NBIMS 中，对生成 MVD 模型可以总结为四个核心过程，即：计划阶段、设计阶段、建造阶段和实施阶段。计划阶段主要工作是建立工作组，明确所需要的信息内容，制定流程图和信息交换需求。设计阶段根据计划阶段制定的 IDM 形成信息模型块集，从而形成 MVD 模型。建造阶段将上一步的模型转化成基于 IFC 的模型，通过应用反馈修改完善模型。实施阶段是形成标准化的 MVD 生成流程，同时检验其完整性。

另外一种生成 MVD 模型的方法是扩展产品建模过程（extended Process to Product Model，xPPM）。xPPM 从三个方面改善 MVD 的生成，分别为：①只用 BPPM 中流程图的部分符号代表全图符号；②弱化 IDM 与 MVD 模型之间的差别；③用 XML 文件代替文档文件存储交换需求、功能组件和 MVD 模型。

IFC 标准在描述实体方面具有很强的表现能力，是保证 BIM 在不同的 BIM 工具之间能实现数据共享的有效手段。IFC 标准支持开放的互操作，使建筑信息模型能够将建筑设计、成本、建造等信息无缝共享，在提高生产力方面具有很大的潜力。

### 1.3.2 IFC 的产生和发展历程

1995 年 10 月，北美建立了 IAI（Industry Alliance for Interoperability）组织。从 IAI 组织成立开始，其研究工作重心就是提供一个统一的过程改进信息共享，并能够被工程和设备管理领域认可和利用。该组织认识到，如果能将不同软件协同工作变为可能，将从软件交互能力中获取巨大的经济效益。为此，IAI 大力发展此方面的能力，并将发展目标定为：在建筑工程生命周期范围内，提高生产力、缩短交付时间、改善信息交流、减低成本、提高质量。IAI 的目标可由图 1-4 表明，即构建一个共享建筑信息模型，该模型中包括建筑师、结构工程师、HVAC（供热通风与空调）工程师等项目参与人员所需要的各种信息。用户根据需求，提取其他部门的信息，这种信息交互方式不用再像以往那样，信息交换错综复杂，致使信息流失。

随着建筑行业全球化进展的加快，IAI 组织成员也将软件协同工作的思想推广到其他各个国家。起初该组织决定从 EXPRESS 数据定义语言着手进行研究，这项决定已经被证明是一个关键性的选择，如今 IFC 标准就是使用该语言来描述建筑物数据。IFC 标准的目的是支持建筑工程项目全生命期各个阶段信息的共享和交换，并支持信息在不同领域的共享和交换，而不是局限于某一特定的应用领域或者工程项目某个阶段。在以上目的的驱动下，IAI 组织于 1997 年发布了 IFC 信息模型的第一个完整版本。

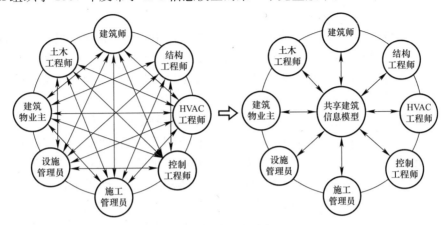

图 1-4　IAI 的目标

随着技术进步和研究的加深，IAI 组织发布了第一个版本后，又陆续发布了几个版本，对 IFC 标准所应用领域、覆盖范围、模型框架等有了很大的改进。其经历了 IFC1.0、IFC1.5、IFC1.5.1、IFC2.0、IFC2x、IFC2x2、IFC2x3、IFC4.0 等版本更新。

随着 IFC 版本的不断更新，IFC 的应用范围也在不断扩大。IFC2.0 版本可以表达建筑设计、设施管理、建筑维护、规范检查、仿真分析和计划安排等六个方面的信息。IFC2x3 作为最重要的一个版本，其覆盖的内容得到了进一步的扩展，增加了 HVAC、电气和施工管理三个领域的内容，伴随着覆盖领域的扩展，IFC 构架中的实体数量也在不断补充完善。如表 1-1 所示为 IFC 中实体数量的变化情况，最新的 IFC4.0 版本中共有 766 个实体，比上一版本的 IFC2x3 多了 113 个实体。IFC4.0 在信息的覆盖范围上有较大的变化，着重突出了有关绿色建筑和 GIS 的相关实体。对在绿色建筑信息集成方面的对应实体问题，在 IFC4.0 中通过扩展相关实体有所改善，新增的实体可以使得 IFC 的建筑信息模型在绿色建筑信息与 gbXML 信息共享程度有所改善。

IFC 不同版本中实体数量　　　　　　　　　　　　　表 1-1

| 版本 | 发布年份 | 实体数量 | 类型数量 |
| --- | --- | --- | --- |
| IFC1.5 | 1998 | 186 | 95 |
| IFC2.0 | 1999 | 290 | 157 |
| IFC2x | 2000 | 370 | 229 |
| IFC2x2 | 2003 | 623 | 311 |
| IFC2x3 | 2006 | 653 | 327 |
| IFC4.0 | 2013 | 766 | 391 |

### 1.3.3　IFC 标准的内容

1. IFC 标准 EXPRESS-G 图

1993 年国际标准化组织 ISO 开始着手制定用于产品生命周期内的数据描述语言标准，该标准主要是为了解决产品信息的描述和交换问题，能够使项目参与者在进行信息交换时保持信息的一致性和完整性。该组织成立了专家委员会，并制定了产品数据模型交换标准（Standard for the Exchange of Product Model Data，STEP）。

STEP 的目的是提供一个中性的标准，这个标准不受任何部门、任何软件以及任何特定系统的限制。并且，能够在保持数据信息完整性和一致性的基础上，将整个生命周期中涉及的全部产品数据描述出来。产品的设计、制造、使用、维护和废弃组成了产品的整个生命周期，在一个完整的生命周期中将存在十分庞大的数据。STEP 则涵盖了拓扑、几何、约束、工程分析等内容，使得参与者能在工程项目的全生命期的不同阶段使用产品信息，并提供了产品数据交换的方式，支持产品数据的存档。

其中，EXPRESS 语言是 STEP 标准的产品数据描述语言，这种语言是一种面向对象的非编程语言，是用于信息建模的描述性语言。EXPRESS 语言使描述的应用协议或集成资源中的产品数据规范化，是 STEP 中数据模型的形式化描述工具。作为一种语言，EXPRESS 吸收了 C++、SQL、Ada、C 等多种语言的功能。它不同于编程语言，不具有输入和输出语句，但是有着强大的描述信息模型的能力。该语言采用模式（Schema）作为描述数据模型的基础。标准中每个应用协议，每种资源构件都由若干个模式组成。每个模式内包含类型说明（Type）、实体定义（Entity）、规则（Rule）、函数（Function）和过程（Procedure）。其中实体是重点，实体由数据和行为定义，数据说明实体的性质，行为表示约束与操作。IFC 标准即采用 EXPRESS 语言定义和描述产品数据。

STEP 开发的图标表述方式即为 EXPRESS-G 图。在 IFC 标准中，类、类属性、类之间的关系即通过该图直观地表述。其中，定义符号和关系符号是最常用的两种符号。①定义符号，主要用于表述各种数据类型，包括枚举数据类型、简单数据类型、定义数据类型、实体数据类型、选择数据类型等。矩形框（实线、虚线）用以表示定义符号，矩形框间的连接线（实线、虚线、粗实线）用以表示定义之间的关系，不同线型代表了有关定义和关系种类的信息。②关系符号，主要用于定义各种符号之间的联系，用线性、矩形框等多种符号表示不同的实体类型或联系。如图 1-5 为 IFC 标准中的 EXPRESS-G 图常用表述符号。

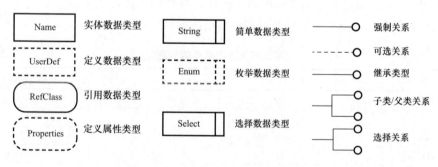

图 1-5 EXPRESS-G 图常用符号总汇

2. IFC 标准的结构

对于真实的物理对象，如墙、梁、柱等建筑构件，以及抽象的概念，如组织、空间、关系和过程等，基于 IFC 标准的数据模型体系都可以对其进行描述。类型定义、函数、规则以及预定义属性四部分共同构成了一个完整的 IFC 模型。其中，类型定义为 IFC 模型的主要组成部分，包括实体类型、枚举类型、定义类型和选择类型。实体类型是信息交换和共享的载体，采用面向对象的方式构建。而枚举类型、定义类型和实体类型的引用，都是作为属性标志体现在实体实例中。IFC 模型中定义了常用的属性集，称之为预定义属性集。IFC 模型中实体的属性值用函数以及规则计算，控制实体属性值所满足的约束条件，并且检验模型的正确性等。

IFC 标准的数据模型结构由四个功能层次组成，即资源层、核心层、交互层和领域层，如图 1-6 所示。在每个功能层都包含了一些信息描述模块，同时为了保证信息的稳定性，各个功能层需要遵守重力原则：每个层次引用的资源只能来源于同层次或者下层，不能是其上层次的信息资源。这样可以保证在上个层次资源信息发生变化时，下层的资源信息不会受到相应的影响，保证了每个层次对数据信息描述的稳定性。

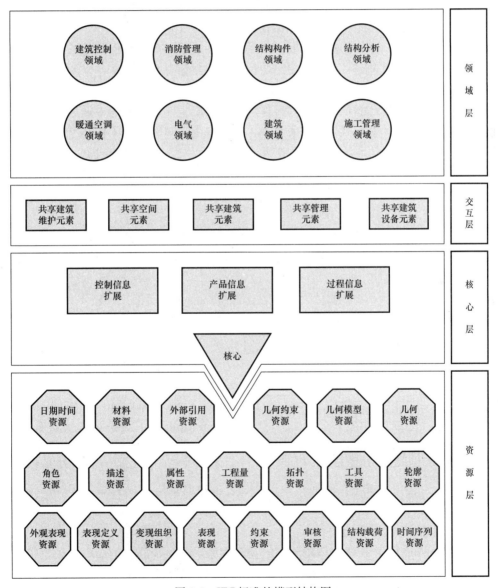

图 1-6　IFC 标准的模型结构图

（1）资源层

资源层位于四个结构层次的最底层。该层资源类的特点是：低层次、一般性、领域无关，甚至与建筑领域无关。该层所定义描述信息是 IFC 标准中最基本的信息，如属性信息、人员信息、几何和拓扑信息、材料资源信息、成本信息等。这些信息都是整个信息模型的数据描述基础，并能够为上层的所有类利用。

（2）核心层

核心层是资源层的上层。为了真实反映现实世界的结构构件，核心层定义了 IFC 模型中的基本框架以及最抽象的概念，同时该层有着链接资源层信息的作用，使其组成了一个整体框架。其中，核心层的结构可以分为两部分：内核以及核心扩展层。

内核同资源层相似，其概念具有一般性和领域无关性，例如属性、对象、关系、角色等概念，并且这些概念可用于构建上层更高级的模块。核心层建立了独立的领域需求，用来联系模型扩展平台，因此该层必须包括在所有的 IFC 工具中。

核心扩展包括三个部分：控制扩展、产品扩展和过程扩展。该层是核心层中定义的细化类，核心扩展也是通过定义主要的关系与角色，建立信息间的联系，以形成体系。

（3）交互层

交互层位于核心层之上，也称为互操作层。交互层主要定义不同专业领域或不同概念的对象，该层中部分对象为多个领域所共享，用来解决不同领域之间信息交互的问题。该层主要有三个功能：推动领域层之间的交互，提供核心层之上的交换机制；实现领域模型的插件功能，使其能直接利用或者参照核心定义；通过映射机制，实现外部开发的领域模型与核心定义对应。

（4）领域层

领域层位于最顶层，该层以建筑行业不同部门领域的特点为依据，定义了该领域的专业信息。

3. IFC 属性关联机制

在 IFC 数据模型中，所有实体之间有着错综复杂的关联关系，IFC 实体由 IfcRoot 继承，IfcRoot 又引出 IfcObjectDefinition、IfcPropertyDefinition 和 IfcRelationship 三个主要类型，其主要继承关系如图 1-7 所示。这三个主要类型及其派生类型分布在核心层，构成 IFC 的核心结构。

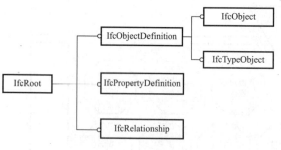

图 1-7　IfcRoot 主要继承关系

IfcObjectDefinition 和 IfcProperty-Definition 用于对象实体及其属性定义。前者引出 IfcObject 及 IfcTypeObject 两个分支，IfcObject 是对具体事物及过程信息进行描述，例如 IfcBeam 等建筑构件、IfcFlowSegment 等流水段、IfcTask 等任务实体，IfcTypeObject 是对 IfcObject 的类型信息进行定义，与其配合使用。

IfcRelationship 用于 IFC 实体对象间的关联关系，通过 IfcRelationship 派生实体即可建立实体与实体、实体与属性之间的关系。IFC 中的实体与属性之间的关联机制分为以下两种：

（1）利用 IfcRelDefinedByProperties 将 IFC 实体与 IfcPropertySetDefinition 相联系。IfcProperty-SetDefinition 定义了实体的属性，其结构如图 1-8 所示。实体的一些基本属性均可通过 IfcProperty 实体进行定义，IfcPropertySet 中包含多个基本属性，最后通过 IfcRelDefinedByProperties 将其与多个 IfcObject 进行关联。

（2）利用 IfcRelDefinedByType 建立 IFC 实体与 IfcTypeObject 的关联机制。IfcTypeObject 用于描述具有相同特征的一类物体，多个 IFC 实体可以

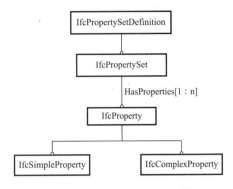

图 1-8　IfcPropertySetDefinition 结构图

引用同一类型实体完成对自身的描述。对类型实体的修改可以反映至引用它的 IFC 实体，这种关联机制便于对属性的管理，提高了修改的效率。IfcTypeObject 的结构如图 1-9 所示。IfcTypeObject 实体可通过 HasPropertySet 属性与属性集相关联，其派生实体 Ifc-TypeProduct 可通过 RepresentationMaps 属性完成对实体几何数据的定义。

通过 IfcRelDefinedByType，类型实体 IfcTypeObject 与 IfcObject 建立关联，多个实体可通过此关联机制与属性集建立联系。

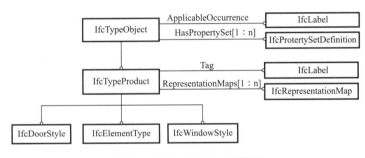

图 1-9　IfcTypeObject 结构图

# 1.4　BIM 应用的现状和发展趋势

### 1.4.1　BIM 应用的现状

1. 国外现状

随着 BIM 技术的发展，其应用效益日益凸显，美国、英国、新加坡、澳大利亚、韩国以及北欧各个国家地区开始陆续推动 BIM 技术的应用。从整体上来看，国外 BIM 技术应用政策路线的制定以及实施推动主要由三方面组成，政府部门的推动、行业组织（协会）推动以及企业自发推动三种模式，其中政府部门推动、业主方推动是当前 BIM 应用的主要模式。

Pike Research 机构的研究表明，不同的项目阶段，应用 BIM 技术的侧重点也不同。BIM 技术的使用领域从高到低依次为可视化（63.8%）、碰撞检测（60.7%）、建筑设计（60.4%）、建造模型（42.1%）、建筑装配（40.6%）、施工顺序（36.2%）、策划和体块研究（31.9%）、造价估算（27.9%）、可行性分析（24.1%）以及换证分析、设施管理、

Leed 认证等。

国外 BIM 技术的应用在研究和实践上都在不断探索应用模式、应用标准和应用指南，逐渐有了相对成熟的经验，也取得了一定的效果，这对我国 BIM 技术的发展起着重要的借鉴和激励作用。

2. 国内现状

我国工程建设行业从 2003 年开始引进 BIM 技术，开始以设计单位的应用为主，到 2010 年前后 BIM 技术应用逐渐兴起，长三角、珠三角和京津冀等经济发达地区起步较早，随着 BIM 技术的理念和技术深入发展，政府和企业已认识到 BIM 技术是未来建筑业转型发展的基础技术。我国国务院办公厅及住房和城乡建设部等部委于 2010 年后相继出台相关政策文件，加大政策扶持力度，全面推进 BIM 技术应用。此外，上海、北京、广东等十余个省市区都陆续发布了推进 BIM 应用的政策规定、行动计划或工作指南。

《中国建筑施工行业信息化发展报告（2015）——BIM 深度应用与发展》中显示，有约 75％的施工企业正在实施不同程度的 BIM 应用，其中超过 10％的企业在大规模应用 BIM。提升品牌需要以及项目复杂性需求是其中的主要驱动原因，分别占 32.5％和 26.9％。从应用范围看，专项施工方案模拟（41.3％）、基于 BIM 的工程量计算（29.0％）、基于 BIM 的机电深化设计（25.9％）和碰撞检查（25.7％）等是主要应用点。而根据 Autodesk 公司与 Dodge Data&Analytics2015 年共同发布的《中国 BIM 应用价值研究报告》，调查访问了 350 位中国境内的专业设计人员和施工服务承包商，同时比较国外其他区域 BIM 技术推广应用情况，研究分析表明：在未来的 2 年内，BIM 技术在中国企业的应用率将会大幅度提升 30％以上，而且应用 BIM 技术的施工企业的数量也会随之提高 108％，达到 30％以上应用率的设计企业将增长 200％。

随着建筑信息模型技术在我国建筑行业的深度融合应用，我国越来越重视 BIM 技术的应用价值，同时大数据、云技术等技术与 BIM 集成，项目管理与 BIM 融合，建筑业内呈现出"BIM＋"特点，形成多阶段、多角度、集成化、协同化、普及化应用 5 大发展方向。同时，BIM 数据交换标准将进一步完善，BIM 软件的国产化程度逐步提高。

### 1.4.2　影响 BIM 技术应用的原因

对于大型公共建筑，尤其是功能复杂且社会影响性大的公共建筑，其全生命期管理具有很大的挑战性。由于建筑工程建设周期长、投资大、参建单位众多，因此增加了工程管理的复杂性。工程建设经历规划设计阶段、施工准备阶段、施工阶段、运营阶段，全生命期的工程信息量巨大。如果在项目结束时，将已有的信息以纸质版文件转交给业主，会出现信息的缺失或者不一致，因此导致后期运维压力的增大。应用 BIM 技术保证在建筑工程项目全生命期信息持续更新，可以解决以上复杂性问题。

影响建筑企业应用 BIM 的因素有很多，其因素可分为两类，一类是积极促进 BIM 应用的因素，是 BIM 在建筑业中的应用价值；另一类是消极阻碍 BIM 应用的因素，也是 BIM 在建筑业中的应用障碍。

1. 促进建筑业应用 BIM 的因素

（1）项目协同和深化设计

基于 BIM 进行项目协同设计，将不同专业的设计师集成在一个三维模型下，从而实现了从二维向三维的转变。从相互独立到协同工作，可以有效减少各专业间的"错、漏、缺"现象。基于 BIM 进行深化设计，施工企业可以在满足建设单位功能要求的基础上，结合施工现场的情况和施工工艺的特点，通过建模优化设计方案，创造更多的利润空间。

（2）施工方案事先模拟

BIM 虚拟施工的核心理念是"先模拟，后建造"，即在工程项目施工前，基于 BIM 平台，对施工方案进行模拟、分析和优化，提前发现问题，进行事前控制，从而指导工程项目施工。这种虚拟模拟可以应用在工程投标方案模拟、各专业分包之间的协调模拟以及复杂施工工艺的模拟等方面。通过提前模拟，可以大大降低返工成本和管理成本。

（3）施工进度动态控制

基于 BIM 进行施工进度控制，可在 3D 信息模型的基础上再集成时间信息，构成 4D 进度控制平台。在工程开工前，可通过进度计划与工程构件的动态关联，直观、动态地模拟施工进度过程，预测施工方案和工艺的可实施性，为多方案的选择提供支持。在工程实施过程中，可通过动态的追踪来反馈施工进度和资源的消耗，对比进度计划的执行情况及时调整，保障工期按时完成。

（4）施工项目协同管理

施工企业是施工阶段项目管理的主体，但离不开设计单位、业主、监理单位等利益相关者的参与。通过建立基于 BIM 的施工协同管理平台，将不同参建方、不同专业之间的信息以一定的标准和格式及时进行传递和共享，使之不断完善和增值。特别是在图纸会审、现场检查、施工组织协调方面等具有重要的作用。

2. 阻碍建筑业应用 BIM 的因素

（1）缺少统一的 BIM 标准

一直以来，我国缺乏统一的 BIM 标准是制约 BIM 在我国建筑行业落地应用与发展的主要障碍之一。没有统一的 BIM 标准，就很难实现信息共享、协同工作；没有统一的 BIM 标准，每个企业在应用过程中无章可循，软件开发也没有统一的标准可以参考，导致大量的重复工作。

（2）BIM 模型未能与工程实际建造过程相结合

目前，BIM 技术在整个建设领域的应用还停留在模型阶段，大多数企业还是根据已有的二维设计成果进行翻模，反复验证设计成果，这种做法收效甚微，并不能将设计中的"差错漏碰"防患于未然，反而给企业带来了额外的负担。此外，有一些企业会建立单独的 BIM 小组，在建设开始时，根据二维平面图纸翻新出一个三维的模型，等工程开工后，所有的建造工作仍按照传统的方式实施，跟 BIM 基本没有任何联系；工程项目结束后，BIM 小组再根据现场的实际情况，翻新出一份竣工版的模型。这样的做法就是将 BIM 技术与实际施工拆分开，在这种工作模式下，BIM 就是模型，这样的 BIM 技术根本无法体现在建筑全生命期中的价值。

（3）缺少自主研发的 BIM 软件

目前，国内还没有一款自主研发的 BIM 软件，而在使用国外软件的过程中，会产生很多问题和矛盾，如一些软件缺少国内相应的规范和标准，还有一些是缺少相应建筑物的构造和形式，无法满足设计要求。此外，在使用国外软件时，会出现软件兼容性和可扩展性差的问题，不能从三维模型自动生成符合我国规范要求的二维设计图纸等，这些都是制约 BIM 技术在国内建筑业不能广泛推广的原因。

（4）BIM 应用的人才奇缺

BIM 是一项新兴技术，急需大量的人才涵盖建筑技术、计算机技术、图形学、大数据等交叉学科。国内由于 BIM 相关知识与技术的发展起步较晚，目前可见于多数征才网站上的 BIM 相关职缺，对于 BIM 领域相关经验及条件并无严格要求，一般仅以"BIM 工程师""BIM 建模工程师"或"BIM 绘图员"等职称表示拟招募对象，应征条件也多仅要求有 1 至 3 年相关工程工作经验即可。

### 1.4.3 BIM 技术的发展前景

1. 实现建筑业的绿色发展

绿色可持续发展一直是国家提倡的主题。提到绿色建筑，首先有绿色环保建材、绿色建材方式、绿色环境，然后才有绿色建筑。在建筑高质量发展的道路上，BIM 技术应用于建筑物全生命期的各个环节，通过模拟场景、合理规划、协同设计、保证成本质量、施工管理、严格验收、后期运维等各个方面加强建设。BIM 技术的应用设计、实施、管理等环节连接紧凑，降低了错误出现的概率。BIM 在绿色建造方向的实践与推广，实现了建筑全生命期的资源共享，是可持续发展设计的有效工具，加快了建筑行业向工业化发展的速度，更重要的是把建筑产业链紧密联系起来。

2. 解决安全管理问题

2017 年一季度，全国共发生房屋市政工程生产安全事故 99 起，死亡 123 人，比 2016 年同期事故起数增加 17 起，死亡人数增加 22 人。据此数据显示，我国建筑行业安全问题十分严峻，最行之有效的办法是从源头消除危险。随着 BIM 技术的不断应用与发展，安全问题得到了充分的缓解。利用 BIM 技术的安全教育仿真度高，大大提高了安全教育的效果，使工人快速了解现场情况；利用 Revit 明细表功能可以直接提取安全防护用品清单、使用时间、物资来源等一系列信息。另外 BIM 在施工平面布置、人员信息管理、动态施工危险识别、事故调查分析方面成效显著。

3. 达成信息化管理要求

随着我国科学技术的不断进步，信息技术在诸多领域得到广泛应用，实现项目信息化成为当今建筑行业的一大热点。对于那些不仅工程预算有所要求，而且限制工期的项目，BIM 技术信息化管理可以有效解决当前建筑行业遇到的瓶颈问题，实现节能减污，充分提高工程管理工作的效率。

综上所述，BIM 技术在未来将极大地促进建筑行业的转型升级，给整个行业带来颠覆性的改革，在提高建筑行业的工作效率、工作质量以及降低成本中发挥重要的作用。

## 习　　题

1. BIM 最早是谁提出的概念？最早提出 BIM 概念的初衷是什么？
2. BIM 的定义是什么？
3. BIM 的特征是什么？
4. IFC 标准的定义是什么？
5. IFC 标准的结构是怎样的？

# 第 2 章　BIM 的国家战略

BIM 技术，不仅可以应用到建设工程的全生命周期，也是智慧城市建设的重要数据基础，BIM 技术的应用落地，直接关系未来中国的智慧城市乃至智慧中国的建设目标。为此我国推出了很多相关政策，推动 BIM 技术在我国各行各业的应用和发展。本章节全面介绍了 BIM 相关政策的制定背景、我国 BIM 国家政策、BIM 推广及教育情况以及国内外的主要 BIM 标准。通过本章的介绍，旨在帮助读者系统地了解我国的 BIM 国家战略。

## 2.1　数字经济的基石

以云计算、移动互联网、大数据和人工智能为代表的新一代信息通信技术，正在全球范围推进经济社会向数字经济和智慧社会快速进化。近年来，随着我国开始更多从经济视角观察数字化问题，数字经济在国内迅速升温。对于建筑行业而言，也正在成功迈进互联网化时代，进而进入数字经济时代。BIM 技术是建筑业发展数字经济、实现数字化转型的基础技术支撑，BIM 的普及应用是建筑行业的重大技术进步。

### 2.1.1　数字经济概述

1. 数字经济的概念及发展阶段

G20 杭州峰会发布的《二十国集团数字经济发展与合作倡议》指出，数字经济是指以使用数字化的知识和信息作为关键生产要素、以现代信息网络作为重要载体、以信息通信技术的有效使用作为效率提升和经济结构优化的重要推动力的一系列经济活动。

数字经济时代，互联网、云计算、大数据、物联网与其他新的数字技术应用于信息的采集、存储、分析和共享过程中，改变了社会互动方式。数字化、网络化、智能化的信息通信技术使现代经济活动更加灵活、敏捷、智慧。事实上，数字经济是继农业经济、工业经济之后的一种新的经济社会发展形态，其已经成为全球经济的重要内容。当今全球数字经济增长非常迅速，推动了产业界和全社会的数字转型。

"数字经济"中的"数字"根据数字化程度的不同，可以分为三个阶段：信息数字化（Information Digitization）、业务数字化（Business Digitization）、数字转型（Digital Transformation）。信息数字化阶段（1990—2008 年），随着互联网普及，国家信息化加快，电子商务快速发展，数字经济开始产生萌芽。业务数字化阶段（2008—2018 年），随着电子商务产业壮大，大数据快速发展，与此同时云计算、人工智能、物联网、区块链等战略新兴技术的出现，传统产业逐渐向数字化转型，开始出现融合性等数字经济类别。数字转型阶段（2018 年以后），传统产业数字化有了一定基础，积累了大量数据，大数据、区块链、人工智能等信息技术快速发展，数字化与传统产业能够更紧密地融合，基于信息技术的社会治理能力不断提高，整个社会正在数字化转型的道路上高速发展。

2. 各国的数字经济发展情况

发展数字经济已经成为全球共识，为世界各国、产业界、社会各方广泛关注。世界主要国家高度重视数字经济发展，以构筑新一轮经济浪潮下的领先优势。美国自 2011 年起先后发布《联邦云计算战略》《大数据的研究和发展计划》《支持数据驱动型创新的技术与政策》等细分领域战略，欧盟出台《欧洲数字议程》《数字单一市场战略》和《产业数字化规划》，德国出台《数字德国 2015》《数字议程（2014—2017）》和《数字战略 2025》，英国发布《英国 2015—2018 数字经济战略》《英国数字经济战略》以及《数字化战略》，日本提出建设"超智能社会"，最大限度将网络空间与现实空间融合。

我国也已把发展数字经济作为国家战略。2016 年 10 月，习近平总书记在中央政治局第三十六次集体学习时强调："要加大投入，加强信息基础设施建设，推动互联网和实体经济深度融合，加快传统产业数字化、智能化，做大做强数字经济，拓展经济发展新空间"。2017 年 3 月，政府工作报告首次提出加快促进数字经济发展，同年 10 月，数字经济被写入党的十九大报告。在 2018 年政府工作报告中，多处提到了数字经济、互联网＋、信息化、智能制造等相关内容。2019 年政府工作报告中更明确提出，深化大数据、人工智能等研发应用，培育新一代信息技术、高端装备、生物医药、新能源汽车、新材料等新兴产业集群，壮大数字经济。我国数字经济持续快速发展。2018 年，我国数字经济规模达到 31.3 万亿元，按可比口径计算，名义增长 20.9％，占 GDP 比重为 34.8％。

世界主要国家数字经济发展战略主要聚焦四个方面。一是增强技术创新与产业能力，夯实发展基础。各国持续推进高速网络建设，支持超高速网络传输、数据处理和模式识别等关键核心技术研究；二是加强数字技术应用水平，深化融合发展。例如德国工业 4.0 正在推向深入，日本加大医疗机构数字化，欧盟把数字素养提升到国家战略高度，实施了"数字素养项目"；三是推进数字政府及立法建设，提升治理能力；四是大力实施网络安全战略，强化安全保障。例如美国发布"网络空间国际战略"，将网络空间安全提升到与军事和经济安全同等重要的地位。德国加大数字技术安全产业发展支持，强化在线服务安全。

### 2.1.2 BIM 驱动建筑业数字化转型

党的十九大报告指出："我国经济已由高速增长阶段转向高质量发展阶段"，围绕高质量发展，建筑业开始在政府监管、招标投标管理、工程组织方式、建筑用工制度、建造模式变革等方面进行改革与创新。在以互联网跨界融合应用为特征的数字经济发展背景下，以 BIM、云计算、大数据、物联网等为代表的信息技术和建筑产业深入融合，对传统建筑业进行全面改造升级，引发建筑业在生产方式、组织模式等多方面的重塑或重构，掀起数字化革命，促进管理水平的提升，实现建筑业的可持续健康发展。

1. 数据成为驱动建筑业数字化转型的核心生产要素

我国建筑业生产复杂，即使是一幢普通住宅楼的建造，也需监管部门及参建各方多方协作，管理分散。而建筑业生产的独特性，以及建筑业产值规模屡创新高，导致互联网等信息技术成为生产力的技术难度巨大，建筑行业的效率一直饱受诟病，转型升级迫在眉睫。

为进一步推进建筑业的转型升级，促进建筑业的绿色高质量发展，国务院办公厅及住建部等部门相继印发了《国务院办公厅关于促进建筑业持续健康发展的指导意见》（国办发〔2017〕19 号）、《关于推动智能建造与建筑工业化协同发展的指导意见》（建市〔2020〕60 号）、《关于加快新型建筑工业化发展的若干意见》（建标规〔2020〕8 号）等文件，进一步明确了建筑业向"绿色化、工业化、信息化"三化融合的方向发展，同时将"加快推行工程总承包"与"培育全过程工程咨询"作为完善工程建设组织模式的重要举措。由此，工程建设全过程海量数据的管理需求日渐旺盛。常提及建筑业是数据量最大、业务规模最大的行业，但也是现阶段最没有数据的行业。所谓没有数据，是指由于缺乏数据标准、先进信息技术以及有效数据治理手段，导致工程建设各层级之间的数据割裂进而形成信息孤岛，造成没有可供工程建设全链条参建各方共享的、"为我所用的"、真实、有效、完整的建筑行业数据。

建筑业数字化转型迫在眉睫，云计算、大数据、物联网等新技术将不断融入传统的建筑产业，以大数据为基础打通全产业链，不但能够实现监管部门、建设单位、设计单位、施工单位、运维单位、设备材料供应商更好的产业协同，而且还会进一步优化、创新产业协作模式，催生新业态。由建筑全生命期管理而形成的数据资产，可以成为驱动建筑业数字化转型的核心生产要素。

2. 数字建筑是促进建筑业数字化转型的核心引擎

在中国建筑业协会和广联达公司共同编制的《建筑业企业 BIM 应用分析暨数字建筑发展展望（2018）》以及广联达发布的《数字建筑：建筑产业数字化转型白皮书》中，都提及了数字建筑。数字建筑是指利用 BIM 和云计算、大数据、物联网、移动互联网、人工智能等信息技术引领产业转型升级的行业战略。它结合先进的精益建造理论方法，集成人员、流程、数据、技术和业务系统，实现建筑的全过程、全要素、全参与方的数字化、在线化、智能化，构建项目、企业和产业的平台生态新体系，推动以新设计、新建造、新运维为代表的产业转型升级，使其提升到工业级精细化的水平，实现让每一个工程项目成功的产业目标。

数字建筑通过对实体建筑的建设过程进行全要素（空间维度）、全过程（时间维度）、全参与方（人/组织的维度）三个方面分析，形成数字化、在线化、智能化的数字虚拟建筑，如图 2-1 所示。

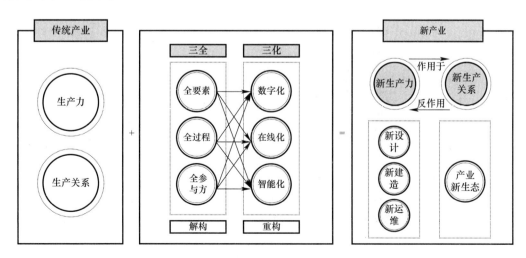

图 2-1　数字建筑内涵

新设计、新建造、新运维是数字建筑新产业的核心。新设计，在实体项目建设开工之前，基于协同设计平台展开多方协同设计并实现三维虚拟交付，优化设计，保障大规模定制生产和施工建造的可实施性。新建造，场外构件及设备生产商与施工现场实时交互并智能协同，进行工业化建造，施工现场的作业指导、工序工法标准化，建造过程安排精益求精，可穿戴设备、智能标签、物联网采集模块使得现场人材机管理更加高效，现场作业更加智能。新运维，即智慧化运维，承接建造方交付的虚拟建筑，通过嵌入的传感器和各种智能感知设备实时感知建筑运行状态，实现建筑的温度、湿度、亮度、空气质量、新风系统的主动调控，为人们提供舒适健康的建筑空间和人性化服务。

在《中华人民共和国国民经济和社会发展第十四个五年规划和 2035 年远景目标纲要》中，提出加快数字社会建设步伐，完善城市信息模型平台，推进城市数据大脑建设，探索建设数字孪生城市。智慧城市建设已经上升为国家层面数字化战略。在城市建设及更新过程中，积极推进数字建筑建设，激发数字建筑的新动能，是构筑稳健的智慧城市数据底座，推动数字孪生城市高质量发展的有效手段。

3. BIM 是实现数字建筑的基础核心

上文所提的数字建筑可以理解为一种方法，其通过多种信息技术融合，遵从一定的法规规范，在实体建筑建设过程中，建设参与方分工合作，有序地完善与其一致的虚拟建筑数据库，并在其过程中使己受益。数字建筑的形成，既需要有各种配套的软件实现相应的功能，又需要相应数据标准满足数据标准化以及数据融合的需求，更需要配套的政策法规以规定由谁、何时、通过何种方式来维护庞大的虚拟数据库，以保证数据的安全和有序。数字建筑的理念与 BIM 是完全一致的，数字建筑是 BIM 发展的高级阶段，更加提升了 BIM 的内涵。

近年来，移动互联网、大数据、云计算、物联网、人工智能等信息技术融合交叉发展，改善了建筑业的信息化应用技术环境，为实现数字建筑提供了必要的基础信息化设施条件。这些信息化技术只有和 BIM 融合，才能生成有效的建筑数据，因为 BIM 的核心是三维模型，它能使该三维模型与建筑属性信息关联在一起，一个建筑信息模型就是一个单一、完整、有序的建筑信息库。BIM 是数字建筑的发展引擎，引导着信息技术在建筑的发展方向，"BIM＋三维打印""BIM＋GIS""BIM＋物联网""BIM＋云计算"等以 BIM 为基础的各种"BIM＋"，促进了多信息技术融合，催生了智能加工、智慧工地、智能建筑、智慧城市等多个新产业，为建筑行业的绿色化和工业化发展奠定了信息化基础。

如今，BIM 已经成为建筑业从业人员的数字素养之一。在 2019 年人社部发布的新兴职业中，更是增列了"建筑信息模型技术员"职业，许多高校已经增加了 BIM 专门课程。大型建筑企业基本都已设立了 BIM 研究部门，腾讯和阿里等互联网巨头已经在布局智慧城市，通过 BIM 技术实现跨界创新。我国已经出台多项举措，试点推进 BIM 审图，探索 CIM（城市信息模型）数据和 BIM 数据的融合对接。BIM 已经融入政府监管以及城市数字化治理过程中。

数字建筑是大势所趋，但在实践中，数字建筑的发展水平还比较低。数字建筑的发展受制于 BIM 的发展，有待随着 BIM 技术水平的提高而提高。目前，BIM 的应用模式、BIM 软件成熟度，以及 BIM 的数据标准仍有待进一步发展，若从软件技术研发的角度看，模型轻量化技术、基于云服务的协同技术、BIM 与多元数据集成技术将是未来 BIM 发展的重点方向。

## 2.2　精细化管理的保障

### 2.2.1　信息技术在推动精细化管理中的作用

近年来，我国建筑业在国内 GDP 中的比重维持在 6% 以上，建筑业持续健康发展，是拉动我国国民经济快速增长的重要力量。特别是当前我国正处于新型城镇化和产业转型升级的快速发展时期，建筑市场的规模将不断扩大。

但传统工程项目组织以及管理模式粗放，导致设计效率不高、专业协同存在瓶颈，工程项目质量、成本、工期三要素通常处于对立和矛盾中，劳动生产率不高，安全风险高、能耗居高不下，工程交付后运维数据也不完整。通过规范化、标准化、集约化的操作，整合工程建设上下游产业及供应链，使得项目整体管理更加细致，从项目设计、施工到运营，形成更加科学完整的建筑产品全业务阶段交付体系，这一精细化管理思想是实现建筑业创新发展、实现跨越式发展的根本途径。

信息技术是提升建筑业精细化管理水平的有效手段，我国建筑业存在体量大、信息化水平低的特点，在信息化管理方面有较大提升空间。公开资料显示我国建筑业信息化率仅约为 0.03%，与国际建筑业信息化率 0.3% 的平均水平相比差距高达 10 倍左右。基于我国建筑业现有的庞大体量测算，信息化率每提升 0.1% 就将带来近 200 亿人民币的增量市场，未来提升空间巨大。特别在"互联网＋"的大浪潮下，信息化对于建筑业越来越不可或缺。

早在 20 世纪 90 年代，勘察设计行业 CAD 技术应用得到普及，实现了计算机规范化出图，同时涌现出诸如 PKPM 这样的优秀国产设计工具，革命性地提高了设计效率。

进入 21 世纪以来，我国加速了 IT 技术应用，用以改造和提升传统的建筑业。住房和城乡建设部在 2001 年第一次明确提出了建筑领域信息化这一概念。监管部门推行电子政务办公，从各部门的具体业务入手，通过信息网络技术，重组、规范和优化行政流程，既加大了政务透明度，又转变了管理方式，加大了管理力度。例如"全国住房公积金监督管理信息系统""全国建筑市场监督管理信息系统""全国城市规划监督管理信息系统"，已启用并发挥着行业监管作用。勘察设计行业 CAD 技术应用得到普及，甲、乙级设计单位计算机出图率达到 100%，使设计工作更加规范化、标准化和系统化。同期已经有设计企业在使用集成设计系统，集成设计业务与设计生产管理，优化设计流程，建立协同设计环境，提高了设计信息的共享与复用性。在施工领域，工程招投标、算量造价、进度管理等领域，相应的施工软件工具应用已经非常普遍，大型施工企业纷纷展开局域网与广域网建设，筑牢信息化基础设施，尝试通过信息化对项目进行综合管理，并向网络化迈进。

"十一五"期间，建设部全面启动全国建筑市场诚信信息平台建设，建立全国性工程建设企业、注册人员、工程项目以及诚信信息等基础数据库，通过一体化平台的数据联动，解决数据多头采集、重复录入、真实性核实、项目数据缺失、诚信信息难以采集、市场监管与行政审批脱离、"市场与现场"两者无法联动等问题，显著提高了对建筑市场的监管水平。勘察设计行业在网络集成资源共享方面发力，在计算机技术支撑下以设计过程为对象，对多个设计项目的人员配置、图纸版本、质量控制、进度进行集成管理，在生产过程的有序控制以及异地协同方面有了很大的发展。在施工领域，引以注目的是以施工总承包企业特级资质考核标准引导下的企业信息化建设。大中型施工企业通过企业级工程管理信息系统对工程项目建设过程进行集约化管理，不但有效控制了现金流、降低了企业成本、规避了项目风险，而且有效提高了企业的履约水平。

"十二五"以后，以 BIM 为核心的大数据、智能化、物联网、云计算等新信息技术迅速发展，不断推动着商业模式创新和社会的变革，同时带动建筑领域的生产模式和组织方式的变革。

### 2.2.2 新时代的精细化管理对信息化技术的应用需求分析

1. 支撑新业态下的建筑业转型升级

党的十八大召开以来，在建筑行业推进新型工业化、信息化、城镇化已经成为国家发展战略，如何实现建筑产业化已经成为建筑业转型升级的主要抓手。所谓建筑产业化，就是把绿色发展作为理念，把工业化生产方式作为主要手段，以推进设计标准化、构件部品化、施工装配化、管理信息化、服务定制化，由此整合设计、生产、施工、运维建筑业全产业链，实现建筑产品节能、环保、全生命期价值最大化。

建筑产业化体现出我国的建筑观念正在由"经济适用兼顾美观"向"节能、环保、可持续发展"的新观念转变，绿色化、信息化和工业化已经成为建筑业发展的三大趋势。在"互联网＋"数字经济浪潮推动下，BIM、大数据、物联网、云计算、3D 打印、智能化技术等新信息技术迅速发展，建筑产业化应紧密关注这些新信息技术的发展趋势，充分发挥信息化驱动力，以信息化推动精细化，以精细化促进产业化，支撑新业态下的建筑业转型升级。

数字经济推动下的精细化管理升级，科学地把握建筑业信息化发展重点和突破点非常关键。当前，既需要探索 BIM、大数据、物联网等新技术在绿色建筑、装配式建筑、智慧城市等新领域的重点专项应用，又需要普及和加强建筑市场服务和质量监管体系的信息化，提高政府公共服务效能，而且更要发挥新信息技术在整合建筑全产业链中的作用，以产业链信息化带动推动整个行业展。

2. 以信息深度集成促进精细化管理

众所周知，通过项目集成管理对项目整体通盘考虑，可以对项目的风险、工期、资源统一协调，促进项目整体优化，有效解决项目管理问题。项目集成管理以先进的现代信息技术为基础，以合适的项目管理组织模式为保证，将项目各子系统各要素集合成一个有机整体。其中，基于现代计算机和信息技术的信息平台是工程项目信息集成管理的关键，它对项目实施全寿命中各参与方产生的信息和知识进集成管理，为项目业主和各参与方提供项目信息共享、信息交易及协同工作的环境。集成管理主要涉及项目各个业务之间的业务信息集成、全寿命过程的时间信息集成和管理部门的组织集成。借助信息平台，对项目信息进行规范化、标准化、进而精细化的管理，可以大大提高项目集约化管理水平，解决管理要素分割独立、各参与方之间信息传递效率低、信息协同和共享性差等问题。

建筑业信息化尽管已经经过近 20 年快速发展，但项目管理往往还是聚焦在诸如设计出图、设计相关计算、投标报价、质量安全等专项单一业务应用上，BIM、移动通信、大数据、智能化、物联网和云计算等技术集成应用不足，导致即使有工程综合性的项目管理平台，业务集成化水平也不高，无法保证项目全产业链数据的真实、有效、完整性。信息技术与生产过程没有深度融合，就谈不上通过信息技术支撑行业的提质增效。若能达到信息技术集成应用并与企业管理深度融合，可以实现从研发到生产、销售及服务的整个一体化集成与管理，不但能提高建筑施工的精度和生产效率，而且能够促进整个行业的结构升级和价值再造，形成新的生产模式和商业模式。

### 3. 形成能贯穿全产业链的信息化标准

信息化标准体系是推动建筑业信息化进程，实现行业数据整合与共享的关键。建筑行业不仅数据量巨大，而且种类多，表现方式多样。例如项目的每一参建方都需要创建、管理各自的信息。对业主而言，多个渠道多个源头的数据需要集成管理。再者，各参建方的大量数据多以文件形式存在，很难保存在一般的数据库系统中，我们称之为非结构化或半结构化信息。当这些文件脱离原有的文件创建环境，一般很难读取，只有把文件所包含的关键数据存储在数据库系统中，才能满足数据整合的需求，被业主所用。

若项目管理各个子系统缺乏信息技术标准和管理规范、系统开发随意性强，各个子系统的业务协同、数据共享和交换标准缺乏整体考虑，就无法实现信息技术的整体推广。若没有统一的数据标准和编码体系，建筑业数据的交互共享就很难实现，无法形成行业数据资源，更无法发现其中的价值。

现在，各个业务监管部门之间、各个软件公司的软件数据之间、各个建筑企业的项目数据之间，由于缺乏共同的建设资源编码信息化标准、业务数据存储信息化标准、业务数据交付信息化标准，导致多个新技术之间无法深度集成，信息技术与业务之间无法深度集成，已经严重影响了建筑全产业链的信息整合，阻碍了整个行业的结构升级。

### 2.2.3　BIM 提供精细化管理新动能

BIM 是基于统一标准化协同作业的共享数字化模型，服务于建设项目从设计、施工、运营维护到改建的整个生命周期，是一种革命性的全新工作模式。它改变的不仅仅是技术层面，更是工程人员的思维方式和工作方式。

### 1. BIM 的应用价值逐步被认可

BIM 作为贯穿建筑物生命周期全过程的一项技术，其应用价值涵盖从项目立项、规划、设计、施工建造到运营维护等各阶段。BIM 技术发展更加注重多方、跨阶段的协同以及在解决实际问题中的价值发挥。对于精细化管理，BIM 技术带来的最大价值就是，它可以使项目管理人员更方便地进行各种资源的计算和对比，提高工作效率，从而降低精细化管理实施的难度。

我国 BIM 的整体应用率逐年稳步升高。目前许多设计企业已经能够完成 BIM 伴随设计，即二维图设计过程中同步建模，阶段性发现并解决设计问题。设计阶段的 BIM 技术应用点主要是专业间的协同设计和三维可视化展示，再者是管线三维冲突的检查、图纸错、漏、缺检查、预留孔洞、深化设计等方面，另外还有部分项目进行了现状建模、设计方案分析、投标方案模拟等方面 BIM 应用。大量的施工项目通过诸如 BIM 碰撞检查、BIM 方案优化等 BIM 施工应用进行技术管理，同时得益于 BIM 模型使得工程量及成本等内容的计算很容易通过软件来进行，工程量计算、成本控制等 BIM 商务应用也很常见。

对比国内外的 BIM 技术应用发展现状，不难发现我国的 BIM 技术发展已到了基于 BIM 的多技术集成应用阶段，依托项目定制化的多参与方、跨阶段协同管理平台、智慧运营云平台等系统建设处于国际先进水平，以 BIM 技术为核心的多信息技术集成应用，突破了项目集约化管理水平的技术瓶颈，大大提升了项目的精细化管理水平。

**2. BIM 为 CIM 提供精细化管理的数据载体**

城市信息模型（City Information Modeling，CIM），是以城市信息数据为基础，将数字工程技术的应用维度从单体建筑维度延展到真实的城市维度，力求依托真实城市的数字镜像，针对城市规划、城市市政、城市交通和城市管理等应用层级实现城市动态的高仿真可视化管理。CIM 建立起了三维城市空间模型和城市信息的有机综合体，是智慧城市建设的基础数据。

CIM 中的单体建筑信息来源于 BIM 模型信息。BIM 作为全开放的可视化多维数据库，与"云"计算的无缝连接，以其可视化、可集成、可模拟等特点可作为加强城市精细化管理的重要载体。在保证单体建筑信息准确的情况下，区域性建筑群乃至智慧城市的规划、设计、施工、运营都需要以 BIM＋物联网、云技术、大数据等技术的支撑。BIM 对政府项目监管、智慧城市建设运营，打造智慧生活，建立城市数据安全等方面具有重要意义，为 BIM 技术的推广和发展提供了机遇。

**3. BIM 信息数据利用带来新机遇**

随着 BIM 技术应用范围和应用水平的不断提高，越来越多的企业和管理部门积累了大量的 BIM 数据。随着大数据等技术的成熟，BIM 技术的重心将逐步从技术要素向数据要素转化，从偏重 3D 模型到重视多元化数据的发掘和应用转化，从以流程为中心向以数据为中心转化。未来 BIM 技术的应用推广重心将转移到对组织内外部的数据进行深入、多维、实时地挖掘和分析，以满足各相关部门充分共享的需求，满足决策层的需求，让数据真正产生价值。BIM 技术的信息数据十分庞大，随着用户在项目的全生命期中对 BIM 技术的应用不断深化，结合云平台的使用，BIM 技术的应用范围将更加的广泛和深入。

## 2.3　国家政策支持

### 2.3.1　国家政策引导 BIM 应用方向

BIM 作为塑造建筑业新业态的核心技术之一，在我国已经经过了十余年的快速发展。现在我国的 BIM 技术发展水平在诸多方面已经由当初的"跟跑"发展到现在的"并跑"甚至到"领跑"的阶段。BIM 这一创新技术在我国的快速发展，一直离不开国家政策的引导与支持。在当前复杂的国际形势以及我国新常态的经济发展背景下，推动 BIM 技术发展更应建立以企业为主体、市场为导向、政府引导并服务市场，产学研深度融合的技术创新体系。

**1. 探索与推广 BIM 专项应用阶段**

2007 年在国家科技部支撑项目中设立了"基于 BIM 技术的下一代建筑工程应用软件研究""建筑设计与施工一体化信息共享技术研究"等课题，首次把 BIM 作为建筑业信息化关键技术展开研究，为开发下一代建筑设计软件、建筑成本软件等建筑工程软件系统奠定基础。BIM 相关的国家科技支撑计划课题的设立，标志着我国 BIM 的研究真正开始。

2011 年住房和城乡建设部发布《2011—2015 年建筑业信息化发展纲要》，明确将 BIM 列入重点推广技术，提出加快推广 BIM 技术在勘察设计、施工和工程项目管理中的应用，推动勘察设计类企业建设与应用基于 BIM 技术的协同设计系统。该文件的发布，标志着国家开始在全行业启动 BIM 应用的工程实践，把 BIM 从理论研究阶段推进到了工程应用阶段。随后，住房和城乡建设部工程质量安全监管司在 2013 年和 2014 年的工作重点中，分别提及了研究 BIM 技术在建设领域的作用，制定推动 BIM 技术应用的指导意见和勘察设计专业技术指导意见。

我国的 BIM 专项应用在勘察设计领域和施工领域已经有了一定积累后，为了提升建筑业技术能力，顺应 BIM 发展的技术方向，2014 年住房和城乡建设部印发《住房和城乡建设部关于推进建筑业发展和改革的若干意见》，开始关注 BIM 的进一步深化应用，提出推进建筑信息模型（BIM）等信息技术在工程设计、施工和运行维护全过程的应用，以提高综合效益。

以北京、上海、深圳等发达省市为主，率先跟进国家 BIM 政策，2013 年开始陆续发布 BIM 专项标准政策，积极推进 BIM 在本地的应用推广。例如 2013 年，北京率先发布地方标准《民用建筑信息模型设计标准》DB 11T-1069—2014，2014 年上海发布《关于在本市推进 BIM 技术应用的指导意见》、广东发布《关于开展建筑信息模型 BIM 技术推广应用工作的通知》，2015 年深圳建筑工务署发布了《深圳市建筑工务署政府公共工程 BIM 应用实施纲要》，更是从 BIM 的技术实施路径方面，对本地公共建筑的 BIM 应用提出了标准化要求。在政策指导下，企业和大型重点项目将 BIM 技术作为推动科技创新的重要信息化手段，积极探索 BIM 的创新应用。上海中心 BIM 综合应用、武汉绿地中心施工总承包管理模式下的 BIM 信息管理与创新应用、天津周大福金融中心施工总承包 BIM 应用、"凤凰中心"的异形幕墙 BIM 应用等，涌现出大批优秀的 BIM 应用示范项目，引领我国的 BIM 应用前沿。

"十二五"期间，是我国探索与推广 BIM 专项技术应用的阶段，BIM 的应用内容以碰撞检查、模拟仿真等专项应用为主，综合性、集成性应用还不多见。国家和率先制定政策的省市 BIM 政策的重点任务，以开展 BIM 推广战略、标准编制、应用示范、机制保障为主，其目的是从政策支持、示范引领角度，普及 BIM 技术概念和应用的目标，使 BIM 技术初步应用到工程项目中去。

2. 全面普及 BIM 集成应用阶段

在建筑业对 BIM 的应用价值有了普遍认识后，2015 年住房和城乡建设部发布《关于推进建筑信息模型应用的指导意见》（简称《指导意见》）专项文件，强调了 BIM 的应用价值，指出 BIM 是实现全生命期、多参与方数据共享、产业链贯通、工业化建造的重要技术保障，为项目全过程优化与科学决策提供依据，可服务项目全过程优化、精细化管理、科学决策和建筑业提质增效、节能环保需求。

《指导意见》制定了 2015—2020 年的 BIM 技术应用发展目标，要求到 2020 年末，建筑行业甲级勘察、设计单位以及特级、一级房屋建筑工程施工企业应掌握并实现 BIM 与企业管理系统和其他信息技术的一体化集成应用。到 2020 年末，新立项项目勘察设计、施工、运营维护中，集成应用 BIM 的项目比率达到 90%。《指导意见》建议各级住房和城乡建设主管部门结合实际制定配套政策、推进 BIM 研发与集成应用、研究相应的质量监管及档案管理模式；各单位企业则要从 BIM 发展规划、软硬件配置、工程管理模式、人才培养等方面推进 BIM 技术落地应用。同时，《指导意见》分别对建设单位、勘察设计单位、施工与工程总承包单位、运维单位提出了针对性的 BIM 应用内容建议。针对当时 BIM 应用面临的政策标准不完善、发展不平衡、本土软件不成熟、技术人才不足等问题，

《指导意见》从 BIM 费用分配、BIM 应用模式与标准编制、BIM 软件研发方向、BIM 教育与培训、项目示范等方面提出了 BIM 推广的保障措施。

"十二五"期间 BIM 理念逐步被认同,应用试点工作也取得突破性进展,BIM 的应用从完成单项任务快速发展到实现全过程应用。随后,以国家大数据战略、"互联网＋"行动等要求及《国家信息化发展战略纲要》为背景,2016 年住房和城乡建设部印发《2016—2020 年建筑业信息化发展纲要》(简称《纲要》)。BIM 作为建筑业发展的核心和重点,随同大数据、智能化、移动通信、云计算、物联网,列为支撑建筑业提质增效和促进建筑业数字化转型的重点信息技术。"信息化集成应用"成为《纲要》中的关键词汇。《纲要》提出了未来 5 年的建设行业信息化工作目标,着力增强 BIM、大数据、智能化、移动通信、云计算、物联网等信息技术集成应用能力,初步建成一体化行业监管和服务平台,提升数据资源利用水平和信息服务能力,形成一批具有较强信息技术创新能力和信息化应用达到国际先进水平的建筑企业及具有关键自主知识产权的建筑业信息技术企业。

进入 2017 年,国家和地方加大 BIM 政策与标准落地。国务院办公厅 2017 年以发布的《国务院办公厅关于促进建筑业持续健康发展的意见》(简称《意见》)为契机,从行业发展的角度明确 BIM 的意义。《意见》明确要求"加快推进建筑信息模型(BIM)技术在规划、勘察、设计、施工和运营维护全过程的集成应用,实现工程建设项目全生命期数据共享和信息化管理,为项目方案优化和科学决策提供依据,促进建筑业提质增效"。2017年的《建筑业十项新技术 2017》也将 BIM 列为信息技术之首。为了落实 BIM 费用出处,住房和城乡建设部发布《建设项目工程总承包费用项目组成(征求意见稿)》,明确规定 BIM 费用属于系统集成费用,这意味着 BIM 费用列入了工程总承包费用组成,BIM 取费可以列入项目的预算编制和成本支出科目。同时,经过 BIM 技术在桥梁、铁路、公路等交通领域的应用探索,中华人民共和国交通运输部也发布了《推进智慧交通发展行动计划(2017—2020 年)》,推进建筑信息模型(BIM)技术在重大交通基础设施项目规划、设计、建设、施工、运营、检测维护管理全生命期的应用。

近年来,国际局势动荡复杂,国家相关政策在继续密切关注 BIM 集成应用落地的同时,也更加重视我国 BIM 技术发展"卡脖子"的问题。2019 年 9 月 24 日国务院办公厅转发住房和城乡建设部关于完善质量保障体系提升建筑工程品质指导意见的通知,文中再次强调提升科技创新能力,推进建筑信息模型(BIM)、大数据、移动互联网、云计算、物联网、人工智能等技术在设计、施工、运营维护全过程的集成应用,推广工程建设数字化成果交付与应用。2019 年住房和城乡建设部印发《住房和城乡建设部工程质量安全监管司 2019 年工作要点》的通知,明确提出推进 BIM 技术集成应用,支持推动 BIM 自主知识产权底层平台软件的研发,组织开展 BIM 工程应用评价指标体系和评价方法研究,进一步推进 BIM 技术在设计、施工和运营维护全过程的集成应用。

近年,BIM 技术应用日渐成熟,BIM 在政府监管以及智慧城市建设中发挥着越来越大的作用。《住房和城乡建设部工程质量安全监管司 2020 年工作要点》中,提出试点推进 BIM 审图模式,推动 BIM 技术在工程建设全过程的集成应用。BIM 审图已经从探索、鼓励阶段进入多地试点实际应用阶段。在住房和城乡建设部《"多规合一"业务协同平台技术标准》征求意见稿中,提出有条件的城市,可在 BIM 应用的基础上建立城市信息模型(CIM)。2018 年以来,住房和城乡建设部结合工程建设项目审批制度改革,先后在广州、厦门、南京等地开展 CIM 平台建设试点工作，在 CIM 平台总体框架、数据汇聚、技术路线以及组织方式方面积累经验；在 2020 年发布了《城市信息模型（CIM）基础平台技术导则》基础上，2021 年又对该导则进行了修订，并对《城市信息模型平台竣工验收备案数据标准（征求意见稿）》《城市信息模型平台施工图审查数据标准（征求意见稿）》等六项行业标准进行意见征集，为 BIM 和 CIM 数据的融合对接建立标准体系，提升城市规划建设管理信息化、数字化、智能化水平。

各地方省市积极响应国家相关部委发布的政策，先后发布了有关 BIM 技术应用工作的通知或指导意见。各地的政策内容紧跟国家政策动向，从概念到核心数据标准，逐步具体化、精细化，从项目试点到实现全面应用，更加注重深度实用价值。这些地方政策基本以"十二五"和"十三五"的建筑业信息化发展纲要为雏形，基于该纲要要求并根据各省市具体情况制定具有详细阶段规划的政策。伴随 BIM 取费出处的明确，截至 2019 年 6 月，国内共有五个省市（上海、浙江、广东、广西、湖南）由相关部门相继发布了关于 BIM 收费的相关政策，对 BIM 取费进行量化，用于指导地方的 BIM 收费标准，为 BIM 的具体落地实施提供了探索性的纲领。

3. 我国 BIM 政策发展演变

为了推广 BIM 技术的应用，我国制定了一系列国家方针，各地市也参照国家政策，出台了相应的地方 BIM 政策，鼓励 BIM 在本地的落地应用。从政策形式上来看，以通知、意见的形式为主，占了政策总数的 70% 左右，其他 30% 则包括标准、指南、发展纲要、行动计划、行动方案等形式的 BIM 政策。经粗略统计，国家及地方政府、协会在 2014—2019 年之间共发布 BIM 相关政策 70 余项，特别是近年政策发布呈典型的指数增长趋势，BIM 技术的热度可见一斑。

总体来说，国家政策是一个逐步深化、细化的过程，BIM 政策引导已从最初的示范应用与推广专项 BIM 应用，发展到全面推进及多技术融合发展阶段。如今"BIM＋"时代已经到来，国家在积极引导开发集成、协同工作系统及云平台，BIM 与绿色建筑、装配式及物联网的深度融合，挖掘 BIM 的深层次应用价值，使 BIM 技术深入到建筑业的各个方面。纵观十余年我国 BIM 政策的发展演变，其有如下几个特点。

（1）可操作性逐步增强。2017 年以前，住房和城乡建设部及各地建设行政部门主要出台的是应用推广意见，提出了推广 BIM 的方案以及 2020 年 BIM 发展的目标。2017 年以来，随着实践的积累，住房和城乡建设部及各地方建设行政部门陆续出台了一系列 BIM 应用指南、应用导则、BIM 标准等技术性很强的文件，有了这些技术文件的辅助，使得出台的 BIM 政策更加细致，落地、实操性更强。如随着 6 部 BIM 国家标准已经全部颁布，中国建筑业有了可参考的 BIM 实施标准和技术标准；2017 年，上海、广东、江苏发布了相应的 BIM 收费标准或参考依据（征求意见稿），指导 BIM 技术服务收费，有利于营造更加透明、健康的 BIM 服务市场。2019 年住房和城乡建设部发布《"多规合一"业务协同平台技术标准》，BIM 在行业监管领域的应用有了详细的技术导则。

（2）BIM 技术应用领域更加广泛、更加专业化。最初的 BIM 政策，虽未明确提出应用 BIM 技术的工程类型，但 BIM 技术推行以来，主要应用还是集中在房建工程项目中。近几年，铁路、公路、绿色建筑以及预制装配式建筑的相关发展规划，都明确提及了 BIM 的应用。例如中华人民共和国交通运输部在 2017 年发布《关于开展公路 BIM 技术应用示范工程建设的通知》、2018 年发布《关于推进公路水运工程 BIM 技术应用的指导意见》，住房和城乡建设部 2017 年发布《十三五装配式建筑行动方案》、2018 年发布《城市轨道交通工程 BIM 应用指南》，还有 BIM 在智慧工地方面的成熟应用、BIM 在施工图审查等行业监管领域的试点应用、BIM 在智慧城市建设方面的探索应用等，都标志着 BIM 应用愈加专业化，应用领域也愈加广泛。

（3）愈加重视 BIM 基础技术的自主知识产权。目前 BIM 技术在工程建设领域逐步落地，BIM 技术成为建筑企业提升项目精细化水平和实现建筑企业集约化管理的重要抓手。但我国 BIM 软件技术的底层技术仍受制于国外，在国际上的行业整体话语权较弱。再者，国际局势动荡复杂，国家相关政策更加重视 BIM 基础关键技术的自给自足。2019 年《住房和城乡建设部工程质量安全监管司 2019 年工作要点》中，在推进 BIM 技术集成应用的同时，提出支持推动 BIM 自主知识产权底层平台软件的研发。

### 2.3.2 教育与培训培育 BIM 应用人才

BIM 在国内外建筑业中越来越受重视，2016 年住房和城乡建设部发布的《2016—2020 年建筑业信息化发展纲要》，已经把 BIM 作为"十三五"建筑业重点推广的五大信息技术之首。BIM 知识体系庞大复杂，行业需要大力推广培训 BIM，才能适应 BIM 发展的速度，BIM 人才缺失是我国面临的一个非常严峻的问题。

1. 国家政策指导

中华人民共和国人力资源和社会保障部于 2019 年 4 月 1 日正式发布 BIM 新职业：建筑信息模型技术员。建筑信息模型技术员被定义为"利用计算机软件进行工程实践过程中的模拟建造，以改进其全过程中工程工序的技术人员"，其主要任务是，负责项目中建筑、结构、暖通、给水排水、电气专业等建筑信息模型的搭建、复核、维护管理工作；协同其他专业建模，并做碰撞检查；通过室内外渲染、虚拟漫游、建筑动画、虚拟施工周期等，进行建筑信息模型可视化设计；施工管理及后期运维。BIM 新职业的发布标志着 BIM 工程师正式成为一个国家承认且有市场需求的新的职业发展方向。

2. 专业协会支持

随着国务院推进政府职能转变和"放管服"改革，行业协会在推动行业技术人才培养方面起着愈来愈重要的作用。为了推动本行业 BIM 技术的科技研发、实施应用以及人才培养，许多行业协会都成立了 BIM 专业委员会。例如：中国建筑学会 BIM 技术学术委员会、中国图学学会建筑信息模型（BIM）专业委员会、中国安装协会 BIM 应用与智慧建造分会。

此外，BIM 认证考试也是培养 BIM 人才的有效途径之一。BIM 认证证书主要有两种类型，一是在《国家职业教育改革实施方案》《关于做好首批 1＋X 证书制度试点工作的通知》等政策文件推动下开发的"1＋X"建筑信息模型（BIM）职业技能等级证书，二是专业协会依据市场需要自行开展的能力水平培训活动。中国图学学会的 BIM 认证考试是中国图学学会和国家人力资源和社会保障部联合颁发证书，每个通过的学员都拥有两家的证书，普遍认为含金量较高。

3. 学校课程改革

当前，BIM 在国内外越来越受重视，行业需要越来越多能够熟练掌握 BIM 的人才，国内部分高校和教育机构也相继成立了 BIM 教学研究组织。也有部分学校开设相关 BIM

学院、课程等，例如清华大学、同济大学、天津大学等在本科领域开设了 BIM 软件课程，少量高校以选修课的形式开设 BIM 课程。国内部分高职院校也在积极开展 BIM 教育，或与国内知名 BIM 技术公司开展校企合作。

## 2.4　BIM 的国家标准

BIM 标准为建筑三维信息模型的数据共享交换提供了重要手段，是建设行业共同的 BIM 应用规范。BIM 标准按照不同的分类标准可以划分为诸多类型。通常，BIM 标准按照适用层级可分为：国际标准、国家或地区标准、行业标准、企业标准和项目标准等。按照具体内容分类可分为：数据标准、信息分类编码标准、信息互用（交换）标准、应用实施标准（指南）等。

### 2.4.1　我国的 BIM 标准

我国的 BIM 发展迅速，随着众多的高等院校、勘察与设计企业、施工企业、业主以及事业单位等都开始投入到 BIM 的研究中，国家政府部门也开始重视 BIM，计划如何制定 BIM 标准。BIM 标准的编制需基于成熟的实践经验慢慢探索得以发展，目前国家及行业协会的 BIM 标准基本参考国外标准编制，目前我国已颁布或在编的 BIM 标准全部为非强制性标准。

1. 我国的国家 BIM 标准

2005 年 6 月中国的 IAI 分部在北京成立，标志着中国开始参与 BIM 国际标准的制定。2007 年，中国建筑标准设计研究院通过简化 IFC 标准提出的"建筑对象数字化定义"标准，该标准根据我国国情对 IFC 标准进行改编，规定了建筑对象数字化定义的一般要求，但未对软件间的数据规范做出明确要求，只能作为 BIM 标准的参考。2008 年，中国建筑科学研究院和中国标准化研究院等机构基于 IFC 共同联合起草了《工业基础类平台规范》GB/T 25507—2010。2010 年，清华大学向社会公布《中国 BIM 标准框架体系研究报告》。自此，中国 BIM 的发展开始进入了快速通道，我国各地建设行业监管部门、行业协会等开始努力推动相关标准的制定工作。

住房和城乡建设部分别于 2012 年和 2013 年印发建标〔2012〕5 号文件和建标〔2013〕6 号文件，将 6 本 BIM 标准列为建设行业国家标准制定项目。其中，《建筑工程设计信息模型交付标准》和《建筑工程设计信息模型分类和编码标准》由中国建筑标准设计研究院负责主编，《建筑工程信息模型应用统一标准》和《建筑工程信息模型存储标准》由中国建筑科学研究院负责主编。《建筑信息模型施工应用标准》由中国建筑工程总公司和中国建筑科学研究院主编，《制造工业工程设计信息模型应用标准》由机械工业第六设计研究院主编。

《建筑工程信息模型应用统一标准》GB/T 51212—2016，对建筑工程建筑信息模型在工程项目全寿命期的各个阶段建立、共享和应用做了统一规定。该标准把模型所包含的数据分为资源数据、共享元素、专业元素，并提出了子模型的概念（注：子模型可理解为业务专业模型）；把 BIM 应用分为三个层次，分别为专业 BIM、阶段 BIM（包括工程规划、勘察与设计、施工、运维阶段）和项目 BIM 或全生命期 BIM。同时，对不同 BIM 层次之间的数据互换以及模型创建存储都做了规定。尽管该标准的可实施性有待完善，但其填补了我国 BIM 应用标准的空白，建立了我国 BIM 的实施理论体系。

《建筑信息模型施工应用标准》GB/T 51235—2017 面向施工阶段 BIM 的初级阶段应用，分别针对施工阶段的深化设计、施工模拟、预制加工、进度管理、预算与成本管理、质量与安全管理、施工监理、竣工验收等业务，在应用内容（BIM 应用点、BIM 应用典型流程）、模型元素（模型内容和模型细度）、交付成果和软件要求等几方面给出规定，形成了较为稳定的技术框架，并为未来可能的扩展留下了空间。例如，幕墙、装饰装修的深化设计和预制加工，BIM 应用没有纳入当前版本，未来可以在对应章增加节进行扩展。该标准考虑了我国现阶段工程施工中建筑信息模型应用特点，内容科学合理，可操作性强，对促进我国工程施工建筑信息模型应用和发展具有重要指导作用。

《建筑信息模型分类和编码标准》GB/T 51269—2017，基于 ISO/DIS 12006-2 做了适当修改。信息分类编码是 BIM 标准中信息语义标准的一种实现方法。通过对项目全生命期中的建设资源、建设行为和建设成果等信息数据的分类编码，对建筑全生命期的各类信息的关系用一种标准化、结构化的方式进行组织，可指导相关建设参与方实现项目各阶段、各相关方及各类信息管理平台对信息数据的规范化应用。本标准中，把建筑信息分为 15 张表（表 2-1），每张表代表建设工程信息的一个方面。每张表都可以单独使用，对特定类型的信息进行分类，也可以与其他表结合，为更加复杂的信息进行分类。其中表 10 至表 15 用于整理建设结果。表 30 至表 33 以及表 40 和表 41 用于组织建设资源。表 20 至表 22 用于建设过程的分类。

建筑信息模型分类表

表 2-1

| 表编号 | 分类名称 | 附录 | 表编号 | 分类名称 | 附录 |
|---|---|---|---|---|---|
| 10 | 按功能分建筑物 | A | 22 | 专业领域 | J |
| 11 | 按形态分建筑物 | B | 30 | 建筑产品 | K |
| 12 | 按功能分建筑空间 | C | 31 | 组织角色 | L |
| 13 | 按形态分建筑空间 | D | 32 | 工具 | M |
| 14 | 元素 | E | 33 | 信息 | N |
| 15 | 工作成果 | F | 40 | 材料 | P |
| 20 | 工程建设项目阶段 | G | 41 | 属性 | Q |
| 21 | 行为 | H | — | — | — |

《建筑信息模型设计交付标准》GB/T 51301—2018 深化和明晰了 BIM 交付体系、方法和要求，在 BIM 表达方面具有可操作意义的约束和引导作用，也为 BIM 模型成为合法交付物提供了标准依据。在基本规定中，首先指明了应该按照模型单元的架构表达，除了通过命名和颜色作为快速识别手段外，还规定了充分性、有效性、适宜性三个原则。对于交付物，明确了多样性、关联性的原则。该标准从模型单元的几何信息（Gx）和模型单位的属性信息（Nx）两个方面规定了模型单元表述建筑设计信息时应遵循的规则，另外也展开了装配式建筑的特点进行了特殊规定，以支持我国装配式建筑的发展。该标准提出了信息模型、属性信息表、建筑指标表和工程图纸、项目需求书、建筑信息模型执行计划、建筑指标表以及模型工程量清单七种交付物，并对交付物的表达方式和表达方法做了说明，特别对单元化表达、图纸化表达做了详细规定。

《制造工业工程设计信息模型应用标准》GB/T 51362—2019 用于工业建筑的新建、扩建、技术改造和拆除工程项目中的设计信息模型应用。针对工业建筑空间划分复杂以及业务系统多的特点，该标准提出采用项目基本信息、空间组成、信息专业系统信息描述工程的设计特征，并对空间组成信息、专业系统信息的构成进行了说明和信息化编码。该标准把模型的设计深度按照可行性研究、初步设计、施工图设计、专项深化设计以及竣工移交分为五个阶段，并按照五个阶段分别对工艺、总图、建筑、结构、给水排水、暖通、动力、电气、智能化、室内设计、景观设计以及环保等十二个设计专业，进行了详细地说明。该标准还对模型的成品交付提出了相应要求。该标准针对工厂的设计特点进行编制，对指导工厂在设计阶段的模型创建和应用，有很好的指导作用。

　　《建筑工程信息模型存储标准》是非常重要的模型技术标准，其规定了 BIM 模型的数据保存格式。该标准中数据模式依据 ISO 16739（IFC 4.1）规定的原则和架构制定，数据存储与交换依据 ISO 10303-11 以及 ISO 10303-28 的有关规定制定。该标准适用于建筑工程全生命期各个阶段的 BIM 模型数据的存储和交换，也可用于 BIM 软件的输入和输出数据通用格式及一致性的验证。

　　我国国家 BIM 标准编制情况见表 2-2。

我国国家 BIM 标准编制情况　　　　　　表 2-2

| 编号 | 名称 | 主编部门 | 主编单位 | 发布日期 | 内容概要 |
|---|---|---|---|---|---|
| 1 | 《建筑信息模型应用统一标准》GB 51212T—2016 | 住房和城乡建设部 | 中国建筑科学研究院 | 2016 年 12 月 2 日发布，2017 年 7 月 1 日实施 | 该标准分总则、术语、基本规定、模型结构与扩展、数据互用、模型应用共 6 章组成。标准对建筑工程建筑信息模型在工程项目全寿命期的各个阶段建立、共享和应用进行统一规定，包括模型的数据要求、模型的交换及共享要求、模型的应用要求、项目或企业具体实施的其他要求等 |
| 2 | 《建筑信息模型施工应用标准》GB/T 51235—2017 | 住房和城乡建设部 | 中国建筑工程总公司，中国建筑科学研究院 | 2017 年 5 月 4 日发布，2018 年 1 月 1 日实施 | 该标准分总则、术语、基本规定、施工模型、深化设计、施工模拟、预制加工、进度管理、预算与成本管理、质量与安全管理、施工监理、竣工验收用共 12 章以及附录的模型细度表组成。标准规定了在施工阶段 BIM 具体的应用内容、工作方式等 |
| 3 | 《建筑信息模型分类和编码标准》GB/T 51269—2017 | 住房和城乡建设部 | 中国建筑标准设计研究院 | 2017 年 10 月 25 日发布，2018 年 5 月 1 日实施 | 该标准分总则、术语、基本规定、应用方法 4 章以及附录的建筑信息模型分类和编码。该标准基于 ISO 相关标准，面向建筑工程领域规定了各类信息的分类方式和编码办法，这些信息包括建设资源、建设行为和建设成果。对于信息的整理、关系的建立、信息的使用都起到了关键性作用 |
| 4 | 《建筑信息模型设计交付标准》GB/T 51301—2018 | 住房和城乡建设部 | 中国建筑标准设计研究院 | 2018 年 12 月 26 日发布，2019 年 6 月 1 日实施 | 规定了交付准备、交付物、交付协同三方面内容，包括建筑信息模型的基本架构，模型精细度，几何表达精度，信息深度、交付物、表达方法、协同要求等 |

| 编号 | 名称 | 主编部门 | 主编单位 | 发布日期 | 内容概要 |
|---|---|---|---|---|---|
| 5 | 《制造工业工程设计信息模型应用标准》GB/T 51362—2019 | 住房和城乡建设部 | 机械工业第六设计研究院 | 2019 年 5 月 24 日发布，2019 年 10 月 1 日实施 | 面向制造业工厂和设施的 BIM 执行标准，内容包括这一领域的 BIM 设计标准、模型命名规则，数据交换、各阶段单元模型的拆分规则，模型的简化方法，项目交付，还有模型精细度要求等 |
| 6 | 《建筑工程信息模型存储标准》 | 住房和城乡建设部 | 中国建筑科学研究院 | 报批中 | BIM 数据的存储标准，参照 IFC 标准，标准包括总则、术语与缩略语、基本规定、核心层数据模式、共享层数据模式、应用层数据模式、资源层数据模式、数据存储与交换 |

**2. 行业、地方及企业 BIM 标准**

在国家级 BIM 标准不断推进的同时，各地也出台了相关的 BIM 标准，铁路、市政、装饰等行业协会纷纷制定各自相关的 BIM 团体标准及规范。例如我国工程建设标准化协会与我国 BIM 发展联盟联合于 2017 年批准发布《规划和报建 P-BIM 软件功能与信息交换标准》等 13 项行业标准，铁路 BIM 联盟自成立以来已经发布含《铁路工程信息模型表达标准》等十余项铁路行业标准，住房和城乡建设部发布的《建筑工程设计信息模型制图标准》行业标准。

BIM 标准的制定极大地推进了国内 BIM 的发展，但各个 BIM 标准之间的协同性、

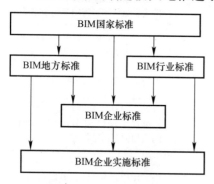

图 2-2　四层 BIM 标准体系

BIM 标准的可实施性、很多 BIM 软件之间的数据共享与兼容等问题仍没有得到有效解决。在《中华人民共和国标准化法》中规定，以国家标准、行业标准、地方标准为依据，指导企业标准的实施。中国 BIM 标准体系应覆盖这 4 个层次，形成一个相互联系、相互融合却又不失层次性的一个系统框架体系，如图 2-2 所示。国家、地方、行业标准的制定最终是用来指导企业标准，BIM 标准的落地最终还是依靠企业标准，并且一定要从标准的指导应用层面转向真正实施层面。

**3. 国内 BIM 标准浅析**

目前来看，我国已经有 6 部 BIM 国家标准发布，我国各地政府及协会也制定了多项 BIM 标准，特别是于 2018 年 1 月 1 日起实施的新的《标准化法》，规划了"强制性标准守底线、推荐性标准保基本、行业标准补遗漏、企业标准强质量、团体标准搞创新"的格局，推进了 BIM 团体标准的编制热潮。以上海申通地铁集团、万达集团为引领的大企业也根据企业实际管理需求研发了各自的企业标准。但整体来看，这些标准都偏向实施管理层面，真正能指导软件开发的 BIM 技术标准仍有待制定。

BIM 技术标准能够直接牵引产业发展，对 BIM 落地实施有引导作用。但由于 BIM 技

术标准的制定及推广会牵涉软件企业的战略利益，例如各个厂商的 BIM 软件研发技术路线制定、合作伙伴关系、自身技术的磨合等，导致技术标准难协调、难推广。

BIM 标准的制定极大地推进了国内 BIM 的发展，但各个 BIM 标准之间的协同性、BIM 标准的可实施性、很多 BIM 软件之间的数据共享与兼容等问题仍没有得到有效解决。BIM 只有协同才能发挥其真正的价值，这就需要技术标准作为支撑。目前我国的 BIM 存储国家标准还没有推广，国际 IFC 格式的专项应用细节还没有技术规范，我国还缺乏能够在软件厂商之间共享共用的 BIM 专项应用模型视图定义以及数据接口样式标准，例如缺乏公开的建模、成本、进度、绿色分析等 BIM 专项应用的数据输入输出内容及格式标准，业内认可并赋予执行的 BIM 技术标准缺失，将拖延我国 BIM 整体发展的进程。

### 2.4.2　ISO 的相关 BIM 标准

国际标准化组织 ISO 成立了专门的技术委员会 ISO/TC59/SC13，负责建筑和土木工程的信息组织和数字化，也包括了 BIM 相关标准的组织与制定。截至 2018 年，已经发布了 12 本 BIM 相关 ISO 标准，正在编制的 BIM 相关标准 6 本，通过一系列标准，对 BIM 模型信息的构建与表达、模型信息的专业协同过程、模型信息的专业协同内容、模型信息库建设以及 BIM 项目的组织协调方法进行了标准化（表 2-3）。

ISO 已经发布的 BIM 标准一览　　　　　　　　表 2-3

| 中文名称 | 发布时间 |
| --- | --- |
| ISO 12006-2：2015 建筑施工-建筑工程信息的组织。第 2 部分：分类框架 | 2015 年 |
| ISO 12006-3：2007 建筑施工-建筑工程信息的组织。第 3 部分：面向对象信息的框架 | 2007 年 |
| ISO/TS 12911：2012-建筑信息模型（BIM）指南框架 | 2012 年 |
| ISO 16354：2013-知识库和对象库指南 | 2013 年 |
| ISO 16739-1：2018-建筑和设施管理行业数据共享的行业基础（IFC）-第 1 部分：数据模式 | 2018 年 |
| ISO 16757-1：2015-建筑服务电子产品目录的数据结构-第 1 部分：概念，结构和模型 | 2015 年 |
| ISO 16757-2：2016-建筑服务用电子产品目录的数据结构-第 2 部分：几何 | 2016 年 |
| ISO 19650-1：2018-使用建筑信息模型的信息管理-第 1 部分：概念和原则 | 2018 年 |
| ISO 19650-2：2018-使用建筑信息模型的信息管理-第 2 部分：资产的交付阶段 | 2018 年 |
| ISO 22263：2008-有关建筑工程的信息组织-项目信息管理框架 | 2008 年 |
| ISO 29481-1：2016-建筑信息模型-信息传递手册-第 1 部分：方法和格式 | 2016 年 |
| ISO 29481-2：2012-建筑信息模型-信息传递手册-第 2 部分：交互框架 | 2012 年 |

除了上述已经发布的 ISO 标准外，ISO/TC59/SC13 专业技术委员会正在开发《使用建筑信息模型的信息管理第 4 部分：信息交换》ISO/DIS 19650-4、《使用建筑信息模型的信息管理第 6 部分：健康和安全》ISO/AWI 19650-6、《构建信息模型-信息交付手册第 3 部分：数据模式和代码》ISO/DIS 29481-3 三项标准，并对 ISO 12006-3 和 ISO/TS 12911 两项标准升级，以适应 BIM 发展形势，进一步丰富 BIM 的建筑全生命期信息管理标准化。

上述 ISO 标准中，ISO 16739 基础数据标准（Industry Foundation Class，IFC）、ISO 29481 数据交换标准（Information Delivery Manual，IDM）、ISO 12006 数据编码标准（International Framework for Dictionaries，IFD），是实现 BIM 价值的三大支柱，构成了核心的 BIM 技术框架。国际 ISO 组织非常重视这几方面的标准制定。

（1）IFC（Industry Foundation Class 工业基础类）。

ISO 16739 标准（IFC 标准）是一个公开的、结构化的、基于对象的信息交换格式标准，IFC 可以容纳几何、计算、数量、设施管理、造价等数据，也可以为建筑、电气、暖通、结构、地形等许多不同的专业保留数据。

IFC 相关内容在前面 1.3 节有详细描述，此处不再展开。

（2）IDM（Information Delivery Manual 信息交付手册）

借助 IFC，能够形成一个包含建设项目设计、施工、运营信息的海量数据库。但真正的信息交换往往只是针对项目中的某一个或几个工作流程、某一个或几个项目参与方、某一个或几个应用软件之间来进行的，不需要也不可能把整个 IFC 所有的内容都暴露出来。因此，在 IFC 标准的基础之上又构建了一套 IDM 标准，即 ISO 29481 数据交换标准。该系列标准定义建设项目生命周期内用户需要信息交换的所有流程，确定支持特定流程的 IFC 数据需求，指定执行特定流程后的数据结果，以及指定流程发送接收的角色信息。IDM 标准对各个项目阶段的信息需求进行明确定义并将工作流程标准化，从而减低工程项目过程中信息传递的失真，同时提高信息传递与共享的质量。

（3）IFD（International Framework for Dictionaries 国际字典框架）。

由于各国家、地区间有着不同的文化、语言背景，对于同一事物也有着不同的称呼，所以这就使得软件间的信息交换会有一定阻碍。ISO 12006 系列标准采用了概念和名称或描述分开的做法，引入类似人类身份证号码的 GUID（Global Unique Identifier 全球唯一标识）来给每一个概念定义一个全球唯一的标识码，不同国家、地区、语言的名称和描述与这个 GUID 进行对应，保证所有用户得到信息的准确性、有用性、一致性。

### 2.4.3 欧美国家的 BIM 国家标准

美国 buildingSMART 联盟（buildingSMART alliance，bSa）是美国建筑科学研究院（National Institute of Building Science，NIBS）在信息资源和技术领域的一个专业委员会，bSa 下属的美国国家 BIM 标准项目委员会（the National Building Information Model Standard Project Committee-United States，NBIMS-US）是专门负责美国国家 BIM 标准（National Building Information Model Standard，NBIMS）的研究与制定。2016 年 buildingSmart 联盟发布了 NBIMS 第三版。NBIMS 第三版增加了 BFC、LOD、NCS 等引用的技术标准，补充了 BIM 信息交换的标准，如建筑方案信息交换标准、电气设备信息交换标准、HAVC 信息交换标准、WSie 给水排水系统信息交换标准等。

NBIMS-US 第三版主要内容包含了 BIM 技术引用标准、信息交换标准与指南和 BIM 实施标准三大部分。（图 2-3）。NBIMS-US 标准体系不是一个单一的标准，而是一个相关 BIM 相关标准的集合。标准引用层、信息交换层和 BIM 标准实施层三个层次之间相互引用、相互联系、相互依托，形成一个整体。

其中：

（1）技术引用标准主要为 W3C XML 数据标准、Omniclass、IFD/BSDD（The buildingSMART Data Dictionary）数据字典、BCF（The BIM Collaboration Format）建筑信息模型协同格式以及经 ISO 认证的 IFC 标准等技术标准。

（2）信息交换标准包含了 COBie、空间规划验证信息交换（SPV）、建筑能耗分析（BEA）、建筑成本规划信息交换（QTO）、电气设备信息交换（SPARKie）、给水排水系统信息交换（WSie）、建筑规划信息交换（BPie）等。

（3）指南和应用包含了最小 BIM（一个被称为能力成熟度模型 CMM 的评价工具）、BIM 实施规划指南、BIM 实施计划内容、业主 BIM 规划指南等。BIM 实施指南是提供一套 BIM 工作程序、模板和数据交换方法。

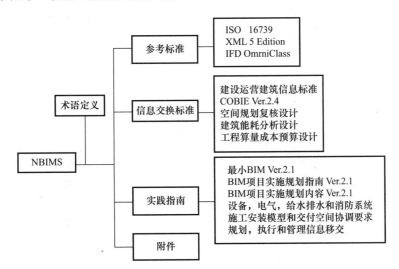

图 2-3 NBIMS-US V3.0 内容图

NBIMS-US 用于指导建筑师、工程师、承包商、业主、营运团队（AECOO），能够真正在工程项目的全生命期中进行 BIM 综合生产实践，让各专业人员能在开放的、共享的、标准的环境下协同工作。

在英国，2011 年 5 月英国政府发表推动 BIM 的政策白皮书《政府建设战略》（Government Construction Strategy），解释和定义了 BIM 及 BIM 成熟水平，并不断完善和更新 Bew-Richards 成熟度模型。配合英国的 BIM 发展战略，自 2013 年开始，英国标准协会（BSI）陆续发布了一系列 PAS1192 系列 BIM 应用规范，对建设项目的专业信息交换要点以及项目交付阶段的信息管理进行规范，PAS1192 框架规定了专业信息交付阶段的模型建模精度（图形内容），模型信息（非图形内容，例如规范数据），模型定义（模型属性含义）和模型信息交换的要求。ISO 以英国 PAS1192 的部分标准为基础进行编纂升级，发布了 ISO 19650 系列国际标准。BSI 的英国标准和公开可用规范（PAS）在持续完善，不断发展。例如 PAS1192 最初的标准框架中还包括了 BS 1192：2007＋A2 建筑工程信息协同工作规范，以及 PAS 1192-2：2013 项目建设资本/交付阶段 BIM 信息管理规程，现在已经被 BS EN ISO 19650 系列标准取代。BSI 的英国标准和公开可用规范（PAS）见表 2-4。

BSI 的英国标准和公开可用规范（PAS） 表 2-4

| 标准名称 | 内容概要 |
| --- | --- |
| BS EN ISO 19650-1 | 有关建筑物和土木工程信息的组织和数字化，包括建筑物信息建模-使用建筑物信息建模的信息管理：概念和原则 |
| BS EN ISO 19650-2 | 有关建筑物和土木工程信息的组织和数字化，包括建筑物信息建模-使用建筑物信息建模的信息管理：资产的交付阶段 |

| 标准名称 | 内容概要 |
|---|---|
| PAS 1192-6：2018 | 使用 BIM 协作共享和使用结构化的健康与安全信息的规范。该规范提出了通过 BIM 流程和应用程序来应用 H&S 信息使用的框架（风险信息周期），指定了在整个项目和资产生命周期中协作共享结构化 H&S 信息的要求 |
| PAS 1192-5：2015 | BIM、数字化建筑环境和智慧资产管理的安全意识规范。PAS 1192-5 规定了 BIM 和数字化构建环境的安全管理要求。它概述了使用 BIM 时的网络安全漏洞，并提供了评估过程以确定 BIM 协作的网络安全级别，该级别应在项目站点和建筑物生命周期的所有阶段中应用 |
| PAS 1192-3：2014 | 满足业主信息交互要求的 COBie 格式信息协同工作规范。该标准规定了项目各方传递建筑和基础设施相关的结构化信息的方法，以及项目交付至使用阶段之前的设计和施工阶段的预期 |
| BS 8536-1：2015 | 设计和施工概述—第 1 部分：设施管理实施规范（建筑基础设施）。该标准为设计和施工阶段提供建议，旨在确保运营商、运行团队及其供应链的人员从项目启动就参与进来，并将项目供应链的参与范围从交付阶段扩展到运维阶段 |
| BS 8536-2：2016 | 设计和施工概述—第 2 部分：资产管理实施规范（线性的地理基础设施）。该标准适用于能源、通信、交通、供水等公用工程基础设施项目设计和施工，以确保设计考虑到资产在其计划的使用寿命内的预期性能 |

# 习　题

1. 简述我国 BIM 政策的发展演变过程。
2. 简述我国 6 部 BIM 国家标准的内容。

# 第3章　BIM在建筑全生命期中的价值

本章节从BIM在建筑领域的应用价值出发，全面阐述了其在现阶段建筑全生命期中发挥的重要作用和优势，以及与当前新一代IT技术的融合发展趋势和价值。通过本章节的介绍，旨在使读者对BIM应用的价值有全面且深刻的理解。

## 3.1　BIM现阶段的应用价值

BIM进入我国建筑业已经有很长一段时间了，凭借自身的五大特性：可视化、可模拟、优化性、协调性、可出图，逐渐在各种各样的项目中被广泛使用，如城市轨道交通、房建、工业化建筑等。BIM（建筑信息模型）包括实体建筑全生命期的信息和三维可视化的模型，前者可高效全面地提供建筑自身的数据，后者则通过较好的可视化效果提升人的感知维度，通过视觉表达的形式传递原本不易被文本信息表现的更多建筑细节。

国家建设行政部门对BIM非常重视，各地陆续出台了一系列政策，2017—2018年住房和城乡建设部针对施工、设计单位、轨道交通行业发布的《建筑信息模型施工应用标准》《建筑工程设计信息模型制图标准》《城市轨道交通工程BIM应用指南》等，都为BIM的规范实施提供了依据和方向。2016年，麦肯锡在《想象建筑物数字化未来》的报告中提出了5种改变建筑业信息化水平落后的技术，其中一项就是"下一代建筑信息模型（BIM）"；在2017年BIM还被评为建筑业的10项新技术之一。可见，BIM的应用价值已在全球获得高度认可。

### 3.1.1　设计阶段应用价值

在传统设计院工作模式下，一个工程项目的全生命期包括决策、设计、施工、运维四个阶段。设计院是设计阶段的主要参与方，在甲方要求下，根据地质勘察资料、相关规范图集，为甲方提供一系列咨询服务及绘制出合格、用于指导施工的图纸成果。主要工作有，写项目建议书、可行性研究报告（也称方案设计）、初步设计、施工图设计、施工跟进阶段、项目完成。

其中核心工作主要集中在施工图设计，在这一阶段面临交付图纸工期紧张、甲方多次变更、需求不稳定等情况。根据岗位不同，配备相应的人员，基本分为土建专业：结构、建筑；机电专业：通风、水、电专业设计师。以施工图设计阶段为例，传统设计院工作模式如图3-1所示。

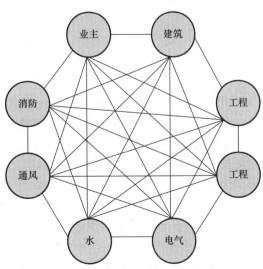

图3-1　设计院各专业工作模式图

传统设计弊端：①专业内部沟通不畅。②设计流程不合理。③各专业配合难。④出图费力、周期长。⑤设计与施工方脱离。⑥业主方管理困难。⑦出图质量差。

除以上弊端外，设计单位行业特点还具有：参与专业多、业主要求多，更改频繁、设备及机电专业管线复杂、业主后续维修对净空及检修空间要求高。项目通常是边设计边施工，严重影响工程质量进度。如果使用 CAD、天正等这样的二维绘图软件画图，效率很低，往往是一处修改，处处修改。总之，设计院现在的工作模式已经很难满足甲方的需求。

当设计院使用了 BIM 以后，工作模式也随之发生了变化。以机电设计为例，流程如图 3-2 所示。

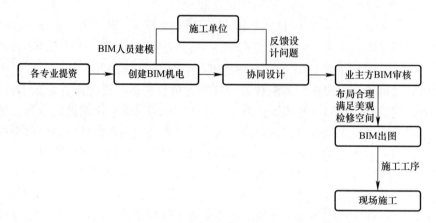

图 3-2　机电设计流程图

通过 BIM 设计，我们不仅能更好地解决软硬碰撞、实现净高和维修空间智能分析、BIM 三维直接出图、模拟安装工序等，还会带来如下优势：

（1）各专业高效协同

充分利用 BIM 的可协调特性进行协同设计，各专业设计师在同一个土建模型基础上进行各专业的机电设计工作，可以随时查看其余各专业的构件信息，大大提高了沟通效率。与甲方的沟通也会顺畅很多，通过在电脑上提前做好几种方案，所见即所得。BIM 明细表功能可以快速提量，导出工程量清单结合计价，利于甲方进行方案比选择优，减少变更。

（2）快速出图

BIM 颠覆了传统的 CAD 二维绘图模式，这两者有根本的区别。CAD 就是利用图层、块、线条进行绘制，工作量大，修改困难，且表达信息不多。使用 Revit 或其他三维软件主要是绘制模型，当模型绘制完成以后，出图会非常快速简单，进行标注以后，就可以根据项目需要，一键导出 CAD 图纸或将模型发给施工单位。修改简单，模型一处修改，平面、剖面、立面图会自动跟着一并修改。

传统模式设计院不能制作施工细节详图，如综合支吊架图、洞口预留图、装修深化图等。这些往往由施工单位去完成，但其出图质量较差，影响施工质量。通过 BIM 插件增加了出图的多样性，如进行机电管线综合支吊架并导出平、立、剖详图。对砌体实现一键开洞、快速标注出图。对装修进行参数化设计、便于图纸修改，减少图纸会审过程中出现大的设计问题。

（3）机电管综碰撞检测

机电管综碰撞检测一直是设计单位基于传统的二维图纸很难做到的，借助于 BIM 可视化及碰撞检测软件，通过设置参数，提前发现各碰撞部位，并针对有效净空及检修空间进行检查，提高出图质量。而传统设计出的图纸往往并不具备指导现场施工条件，由施工单位进行现场优化。做到哪里改哪里，既浪费工期、人工，质量还得不到保证，为后期甲方运维、检修埋下隐患。

（4）预制化＋模块化

BIM 在业主更高要求下如预制化方向，更有优势。以机电管线为例，它的流程是这样：分段、编号、二维码标记、统计工程量清单、导出加工图纸。而这些是 CAD 绘图肯定做不到的。借助 BIM 插件，可以实现这样的高精度、高密集设计作业。

此外，BIM 在设计过程中，引入"预制化＋装配式模块化施工"理念，通过"大后台，小前台"，施工现场不用切割、没有噪声也不会产生施工垃圾。而做到这点前提是设计单位在预制化的基础上，还要对构件进行拼接、吊装、运输、各专业协调等设计因素。当然，这就需要设计院对各项目所有的构件都有与之对应的族模型，而搜集并制作完善族库就尤为重要。

（5）渲染与沉浸式浏览

模型通过网页端、软件端查看，距离真实场景还有一定差距，市场上的 VR 沉浸式体验也慢慢进入各工程项目。设计院可以通过开发自己独特的 VR 平台，不断提高甲方满意度，在新的投标过程中体现企业的亮点。

设计院通过 BIM 应用，流程更加清晰直观，信息整合快，减轻了设计师的工作强度，提高了出图效率及图纸质量；根据投资，调整方案，为甲方实现控制成本的目的；构件级建模实现设计精细化，增强企业竞争力，为企业创造更大的生产价值。

### 3.1.2　施工阶段应用价值

施工阶段是实现建筑信息模型（BIM）技术应用价值的关键阶段，直接影响工程建设的进度、成本、质量与安全等项目管理目标。本节从 BIM 与进度管理、成本管理、质量管理、安全管理角度出发，阐述它们在施工阶段的价值所在。

在施工阶段，对于传统的二维图纸表达方式，自己本身即存在困难且容易出现较多的设计失误，施工人员在理解和使用时会有很大的偏差，导致与原设计不符，这将会给施工单位带来工期、成本、管理上的损失和压力。

目前，施工阶段的 BIM 应用主要是通过专业团队完成 BIM 建模，将 BIM 模型的数据导入到施工应用软件中，协助施工单位完成施工深化设计、施工模拟、碰撞检查、进度管理、质量管理、成本管理等。利用基于 BIM 模型的相关应用，在平台上进行实时沟通和协同，实现施工阶段的信息共享。在施工项目管理方面，BIM 技术实现了工程施工的信息化管理，提高了施工效率，降低了施工成本，缩短施工进度，对施工项目管理具有重要意义。BIM 技术不但有利于施工阶段的技术提升，还完善了施工阶段管理水平，提升了施工项目的综合效益。

1. BIM 技术在进度管理中的应用价值

实际施工中，由于环境、人员、资源分配等一系列因素的影响，造成实际进度与计划进度出现偏差。通过分析偏差产生的原因，从而提出整改意见，避免因偏差得不到及时解决而影响工程进度目标的实现。目前基于 BIM 进度管理的应用主要有：

（1）进度模拟

通过使用 P6、Project 等项目进度管理软件编制施工进度计划，导入平台中并与 BIM 模型构件关联，可模拟施工进展状态，如图 3-3 所示，然后对模拟施工过程中的问题进行分析和解决，合理地调整施工进度，更好地控制现场施工与生产。

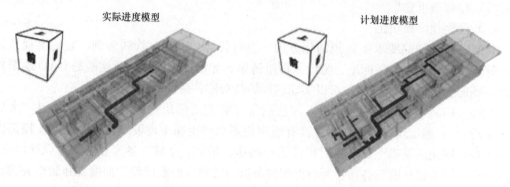

图 3-3　施工进度模拟可视化效果图

（2）优化施工场地布局

将现场的实际情况和模型有机结合，对三维现场场地布置进行构建，提高管理效率，降低材料管理成本。使用 BIM 技术能够有效提高工作效率，增进各个参与者的沟通，实现资源共享，避免因缺乏交流或者信息传达失真等问题影响施工进度及质量。

（3）施工方案模拟

利用 BIM 技术可以进行模拟项目虚拟场景漫游，在虚拟中身临其境地展开方案的体验和论证，还可以深入了解整个施工阶段的时间节点和工序，清晰地掌握施工过程中技术的难点和要点，从而进一步优化施工方案、提高施工效率，确保施工方案的可靠性。

2.BIM 技术在成本管理中的应用价值

BIM 技术可以对施工中建筑工程成本实时监控和管理。依据施工进度计划，确定每一个施工过程的预计施工成本，然后结合实际施工成本对施工过程中的费用进行精细地控制和管理。而利用 BIM 技术优化设计方案、减少设计变更，避免施工碰撞、合理安排施工现场的各种资源，减少返工和错误带来的成本增加，减少后期结算争议。目前基于 BIM 的成本管理的应用主要有：

（1）自动准确地计算工程量

BIM 模型中包含了大量的项目部件及构件信息，它的计算功能十分强大，能够对设计概预算需要的所有数据进行快速计算，提供十分可靠和全面的数据，大大降低了设计工作的难度，有助于成本管理工作的开展。

（2）实现精细化成本管理

基于 BIM 模型，可以根据时间、区域以及工序实现对工程量的提取和拆分。并共享上述数据，对模型内的数据进行调用，有效帮助企业进行人材机计划的制定，使得各个环节的浪费情况得到控制。

（3）更好地控制工程变更

施工过程中出现变更，可以借助 BIM 技术实施管理，有效管控设计变更的情况。对设计模型进行数据关联与实时更新，使得项目相关方之间的信息传输与交互时间得到大幅缩减，确保索赔签证管理具有较高的时效性，对造价进行有序管理与动态控制。

（4）支持多算对比和动态成本控制

BIM 模型中包含了工程量、时间、构件等大量信息，及时高效地对于各项成本与费用进行对比分析，并获得全面准确的分析结果，使得精细化的动态成本管理与控制工作在开展的过程当中所具有的有效性以及针对性得到显著的提升。

（5）实现成本数据的共享与积累

BIM 技术自身强大的数据采集、处理、存储的功能，包含项目全过程数据，使得项目各类数据信息变更简单清晰，大大减少了由于结算数据引发的争议，加快了竣工结算的进度，减少时间成本。

3. BIM 技术在质量管理中的应用价值

在建筑工程施工管理中，工程质量管理是其重中之重。随着 BIM 技术在建筑工程质量管理中的应用，管理人员可以通过 BIM 技术对施工材料、施工机械设备、质保资料、现场管控流程等进行有效控制，为建筑工程质量管理奠定基础。目前基于 BIM 的质量管理的应用主要有：

（1）质量检查

质量检查人员可对现场检查发现的问题进行现场取证，然后在 BIM 模型中将其与对应的部位进行直接关联，便于其他人员在 BIM 模型中快速定位问题所在位置，并查看相关现场资料。

（2）数据信息协同

通过 BIM 技术，施工人员在具体的施工过程中，可以借助于数据信息模块对物料、设备、资料、流程等进行准备、检查、追踪、反馈，时刻确保其满足施工的要求，有效降低了因施工材料、施工机械设备不符合施工要求，以及文档资料的缺失与现场管控不力而产生的施工质量问题。

（3）施工技术模拟

通过 BIM 技术，施工管理人员对施工技术进行准确模拟，规范了施工技术的操作规范，更加进一步确保了工程的施工质量。

4. BIM 在安全管理中的应用价值

基于 BIM 技术的安全管理应用主要是利用 BIM 的集成性、协调性、模拟性和可视化特性，便于信息的沟通、问题的协调、建筑的模拟和环境的规划，在 3D、4D 模型的可视化技术下来研究 BIM 技术在安全管理中的作用。目前基于 BIM 安全管理的应用主要有：

（1）识别危害因素

BIM 技术可以形成对建筑构成以及进度的信息体系，准确地对现场存在的危害因素进行识别，进行安全管理和事故规避的处理。

（2）划分危险区域

在施工模拟过程中，BIM 技术可以根据危险源进行辨认，在工程模拟的不同阶段对不同区域的危险程度进行划分，并将相应的危险评估结果及时进行反馈，用以指导施工，对于超出安全等级的活动禁止进行，以此来减少不必要的安全事故。

（3）管理施工空间冲突

BIM 技术可以实现静态检查设计冲突，动态模拟各工序随进度变化的空间需求和边界范围，很好地解决了施工空间冲突管理与控制，有效地减少了物体打击、机械伤害等事故的发生。

（4）制定安全措施

在 BIM 安全管理系统中，通过对现场施工状况的分析，可以从安全专项方案中提取并形成有效的安全保护措施，来保证建筑活动的安全性或者避免已经识别的危害发生。通过利用 BIM 技术进行施工空间的安全规划和施工环境的模拟，避免施工空间冲突和机械碰撞等安全隐患的出现。

（5）安全评价和安全监控

在 BIM 虚拟施工中通过对危险因素进行识别和制定安全防护措施，可以对施工进行安全系数和安全度的分析和评价。以虚拟的施工模型为中心，并结合现有的高技术视频智能监控系统，进行有效监控和管理，通过与实际完成的安全活动作对比，进一步对施工计划进行调整，以满足施工需求。同时还可以利用虚拟现实技术评估施工安全方案的有效性和经济性，确定对项目综合目标最有利的最优方案。

可见，基于 BIM 技术的建筑工程施工阶段就是把信息数字化、业务与新技术进行有效结合，建立起以 BIM 应用为载体的信息化管理体系，必将有效提高项目的生产率，缩短工期，提高建筑质量，减少成本费用。

只有发挥 BIM 技术可视化和信息性两大优势，从 BIM 项目开始之初就建立好明确的目标和规范，在项目执行过程中构建统一的数据平台实现 BIM 协同，结合施工现场实际管理数据，并根据用户不同需求，将实际施工现场的模型，包括设备、设施的模型与施工数据相关联，以及对人员和管理流程的把控，才能最终实现施工全过程信息化、集成化、可视化和智能化的动态管理。

### 3.1.3　运维阶段应用价值

BIM 对建筑运维很重要，我们应充分发挥建筑数据的价值。随着数字化的推广，将 BIM 技术与物联网、云计算、大数据、人工智能等技术相结合，可构筑起实体建筑的数字孪生世界，让人们更好地认知与感知建筑。通过分析与反馈辅助决策优化，进而帮助人们优化更好的生活环境。在运维阶段引入 BIM 应用，变得越来越迫切。

1. 空间管理

基于 BIM 的可视化效果，用户可在模型中直观查看楼宇内各处空间的信息，如空间布局、空间划分、空间使用情况、空间面积、空间体积、房间关联等属性信息，这些为空间管理者提供了强有力的数据基础支撑。

在此之上，BIM 可以升级以往传统的二维 CAD 图纸效果，如图 3-4 所示，将空间数据和属性数据有效地融合在一起，把原本不易表达的空间信息直观地推送到用户眼前，提升视觉与认知的融合，高效地实现大区域（建筑整体空间和建筑物周边的地理环境信息）与小区域相结合的空间管理。以数字化的手段，让用户快速调取管理区域本身及其相关联的信息，实现"多个来源，一个出口"的管理模式，解决信息孤岛问题。

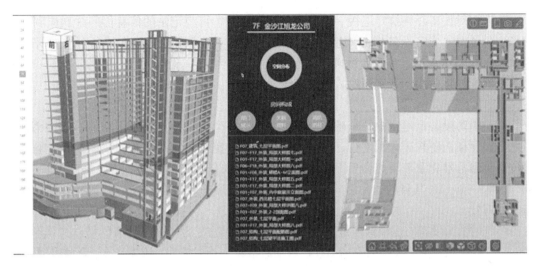

图 3-4　空间管理展示图

2. 资产管理

在传统的运维检修过程中，将产生或运用到三类数据：设备静态数据、设备动态数据与人员行为数据。

在传统的运维工作中，建筑设备设施的管理面临着设备设施的系统组成复杂、直观性差、设备系统信息割裂、管理工具单一、人工依赖度大等问题，面对这些问题，BIM 可以发挥其价值，在模型中可快速获取设备可视化模型（且 BIM 模型已经梳理好各个设备系统间的级别关系、上下游关系等）、设备设施型号参数等静态信息，方便工人查看隐蔽工程，并且这些信息的获取便捷高效可共享，是一种很好的信息管理方式。

根据实时数据探测器可获得不同系统的实时运行数据，如图 3-5 所示，将实时数据基于 BIM 进行表达，有利于以空间维度快速获取各处设备的运行状态，实现快速发现、快速解决的闭环。

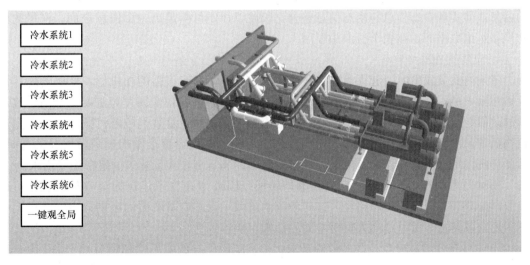

图 3-5　设备设施管理展示图

工人在对设备设施执行巡视、维修等工作过程中，可将记录的信息传回并对应到 BIM 模型中的位置，丰富设备生命周期中的数据。同时，还可同步将工人执行任务的路径在 BIM 空间模型中表达，宏观与准确地考察人员的工作情况，确保运维人员的工作到位，避免人为因素产生的问题，实现对人员的精细化管理。

### 3. 消防管理

建筑消防设备是建筑中的基础配套设施，一旦发生火灾，只有应用完好有效的消防设备才可以保证消防救援顺利进行，保证人民生命财产免受火灾的威胁。我国质量监督检验检疫总局和标准化管理委员会于 2010 年 9 月 26 日联合发布《建筑消防设施的维护管理》GB 25201—2010，其目的就是引导和规范建筑消防设施的维护管理工作，确保建筑消防设施完好有效。

传统的消防设备的运维管理是基于二维 CAD 图纸进行的，管理记录也是以文档形式保存的，这就导致了消防设备的管理中存在着信息散乱、难以整理、流失严重、无法及时更新、难为各方所共享，以及由此会导致的设备维修不及时、故障率高、管理滞后等一系列问题。

针对这些问题，可引入 BIM 技术并基于其进行运维管理。利用 BIM 信息的集成共享及可视化的特点，结合合理、高效的消防设备运维管理模式，可以提升在消防领域的管理效果。

建立信息集成的可视化 BIM 模型，整合建筑消防设备全生命期的信息数据，可开展可视化的消防设备运维管理和可视化操作，如对设备实现快速定位，查看其各类信息，并对消防设备的各种信息进行分类查找和统计，提前进行预警等工作，以此降低消防设备运维管理的难度，提高管理效率和质量。

此外，还可面向消防相关负责部门，以 BIM 为核心为消防系统建立消防设备运维库，为消防设备的运维管理提供全套的信息，用信息化的手段不断丰富和完善系统。在 BIM 模型中已经包含了消防设备的基础数据，比如安装部位、生产厂家、购买厂家、设备型号和尺寸、使用期限、责任人、使用说明等，这些是消防设备的静态信息。在设备的运行过程中，也必定会出现新的信息，需要对静态信息进行补充，比如设备的日常保养信息、维修信息以及保养和维修发生的成本信息等，这些是消防设备的动态信息。以 BIM 中的构件为核心，可整合消防设备从采购、安装、使用、维护保养、维修，直到报废的全生命期的信息，即实现静态信息与动态信息整合，长此以往便可构建出一个信息全面、详尽的消防设备运维数据库，在整个行业中复用。

### 4. 应急管理

建筑内火灾发生时，起火点的位置和火灾的发展都具有很强的随机性，此时若想尽快疏散被困人员，减少人员伤亡，有效准确地疏散，路径引导就变得尤为重要。目前，建筑内的疏散引导主要靠疏散示意图，其表现形式是二维表达，直观性较差，同时对于大型建筑物而言，由于建筑结构复杂，安全出口多，不同的起火点直接影响到疏散路径的选择。因此传统以疏散示意图作为疏散引导的方式已不能满足现在大型建筑的疏散引导需求。

BIM 技术的核心是建筑信息的共享与转换，BIM 中包含了建筑的全方位信息，可以提取消防疏散对应的模型和路径，这与传统的疏散示意图有着本质的区别，在空间模型中展示出疏散路径，可以提高人员对空间的认知，快速到达。

BIM 可充分满足应急疏散的使用需求，提高疏散引导的实用性和针对性。如图 3-6 所示，依据实际疏散工作中的信息需求，建立消防疏散模型，可清晰明了地显示建筑结构与安全出口的位置，明确表达消火栓、防火卷帘等消防设备的位置和数量等，进一步还可根据这些信息提取多条路径，并提供最优疏散路径，为消防疏散和应急救援提供了准确信息。BIM 模型展现的效果与实际情况非常接近，所见即所得，在应急疏散指挥中，疏散路径以及救援条件等信息可以非常明了地被使用者接受和利用。

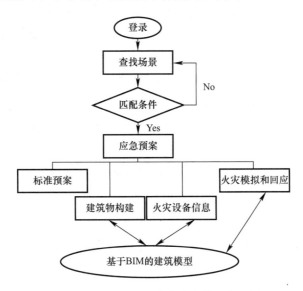

图 3-6　基于 BIM 的防火应急管理流程图

5. 能耗管理

当今社会全球性的能源危机，已成为制约各国经济发展的一大瓶颈。在诸多能源消耗领域，我国的建筑能耗占社会总能耗的 30%～40%，达到全国总能耗的三分之一。建筑能耗分为建筑的全生命期和运营期的建筑能耗两大类，前者指建筑的准备、施工、住宅使用、拆除、废弃建材处置这五个生命阶段的能源消耗，后者指一般建筑使用运维期间，为保证建筑功能可用所耗费的能量，具体包括照明、空调、电梯、热水供应等家庭或办公耗能。如今，提升运用能源的效率，降低建筑耗能水平，已成为我国建筑业迫切需要解决的问题。

可见，建筑能耗管理是建筑运维阶段的重要工作。它包括了机电设备基本运行管理、建筑能耗监测、建筑能耗分析，建筑用能优化管理等。

基于 BIM 对能耗进行管理，可将监控的能耗实时数据与累积数据基于 BIM 模型中进行表达，查看能耗分布热力图，分析对比能耗在建筑空间中的使用情况，根据数据分析结果提供能耗的优化改造方案等。

例如，基于 BIM 快速获取空调的水管风管排布模型，从探测点位处取得实时数据，计算用电量在建筑不同空间中的分布，并基于模型对其进行远程控制，节省电费和物业管理人员成本等。

## 3.2　BIM 数据链价值

BIM 的核心是数据，其服务对象为建筑行业，由于建筑行业的特点是上下游关系复杂、产业链特别长，所以 BIM 在各个层面的应用逐步串联起来后，通过不断地数据交换，最终形成一个数据链和一个生态圈。这个 BIM 数据链产生的过程，其实也就是推动产业互联网发展的重要环节，对整个建筑业数字化转型具有极其重要的意义。

### 3.2.1 全生命期数据协同应用

建筑生命周期很长，涵盖了从设计、生产（供应链）、施工、运维几个阶段，在这每个阶段中，都会产生大量的信息和数据，涉及的专业和参与方众多。从 BIM 信息的完整性角度来看，这些都是 BIM 信息来源的重要环节，同时 BIM 数据在每个环节是需要流转、协同和复用的。

NBIMS 是由 buildingSMART 联盟发布，在该标准中提出了一套衡量应用 BIM 程度的模型和工具，即能力成熟度模型（Capability Maturity Model，CMM），用来评估组织 BIM 的实施过程。其中一个评价维度是"全生命期"，即在 BIM 应用过程中是否全生命期都参与了，具体评价方式如表 3-1 所示。

NBIMS 能力成熟度模型表 表 3-1

| 成熟度等级 | 定义 | 阶段说明 |
| --- | --- | --- |
| 1 | 没有覆盖完整的项目阶段 | 有数据，但数据不完整或未赋予是哪个阶段的 |
| 2 | 有规划和设计阶段 | 虽然在规划和设计阶段收集了一些基本的初始化数据，但这也可能发生在任意其他阶段，如施工 |
| 3 | 加入了施工和供应链管理 | 此时加入了另一个阶段-施工，但此时这两个阶段不是必须有关联的 |
| 4 | 包括了施工、供应链管理 | 加入了第三个阶段，尽管信息不能很好地流转，但假设有一些可以 |
| 5 | 包括了施工、供应链和生产制造 | 第四个阶段设备设施生命周期加入，一些信息开始流转和延续 |
| 6 | 加入了有限的运维管理 | 加入了运维管理，并且信息清晰地从设计、施工流转到了运行阶段 |
| 7 | 包括了运维管理 | 信息从之前的阶段被收集，然后流转到运维管理阶段 |
| 8 | 增加了成本管理 | 支持成本模型，并且成本与所有阶段的信息进行了关联，可实行全生命期的成本核算 |
| 9 | 有完整的设施生命周期信息采集 | 支持所有阶段的生命期管理，信息可在各阶段进行流转 |
| 10 | 支持外部信息分析 | 模型与外部信息关联，可对设施的整个生态系统做全生命期的分析 |

由此可见，BIM 的应用价值不仅仅是看单个阶段的效果，更多的是全过程参与后数据的协同与复用效率会显著提高，片段式的应用往往达不到 BIM 的最佳效果。同时，BIM CMM 还非常强调数据的无缝流转和复用，每个阶段的数据是需要流畅地传递到下游的，一个阶段一个阶段进行数据叠加，这样才能使 BIM 数据的价值持续增长，而不是形成一个个独立的数据包。典型的 BIM 全生命期数据协同的价值包括：

1. BIM 设计到 BIM 施工的延续应用价值

在 BIM 实施过程中，我们经常会听到"设计院所做的 BIM 模型在施工阶段用不上"这样的说法。的确，施工阶段的 BIM 模型的组织方式和精细度要求与设计阶段是不同的。比如，施工阶段 BIM 模型精细度一般要达到 LOD400-500，而设计 BIM 模型一般在 LOD300-400。但设计阶段产生的 BIM 模型是一个规范的基准，此时的 BIM 已蕴含了建筑 60% 以上的信息，是后续每个施工环节参考的统一依据。施工阶段，只需要以此为基础，进行 BIM 深化设计，既可以节省重复建模带来的成本，又可以避免信息断层，确保信息的唯一性，是设计-施工一体化的重要技术保障。如果是多家企业并行施工的情况下，还可以促进跨组织信息沟通语言的一致性和准确性，消除信息歧义，降低沟通成本。

## 2. BIM 设计与供应链协同管理的价值

在大型建筑工程项目管理过程中，设计与供应链管理之间有着非常密切的关联。通常设计方利用 BIM 软件进行结构和布局设计，对机电相关专业而言，会先做初步功能设计和布局占位，部分机电设备的详细设计会由下游的供应商或设备厂完成。因此，初设的 BIM 模型是不完整的，需要传递给下游进行详细设计和数据补充。BIM 模型在经过双方提资和反提资的业务流程，先粗后细，才能最终形成一个可交付的设计 BIM 成果。通过 BIM 进行数据协同交互的方式，可以统一数据结构、保持语义一致，并能以一种三维直观的表达方式呈现周围的结构布局、上下游关系等，为协同双方或多方搭建起一个统一的数字化、3D 可视化的协同环境。

## 3. 竣工 BIM 信息在运维期的应用价值

随着建筑生命周期越往后，BIM 的信息越丰富，应用价值也越大。到了运维阶段，是 BIM 信息使用的最大获益者。首先，作为运维最主要的对象：设备设施，通过竣工 BIM 信息，运维人员可以快速地获得它的物理属性（如尺寸大小、重量、位置、规格型号等）、设计参数、供应商、规格书、操作使用手册、图纸资料等信息。所以，在运维阶段可以大量使用竣工模型的信息，几乎不增加额外的成本。其次，对于隐蔽工程而言，竣工 BIM 提供了一个高度直观的查看方式。特别是对既有建筑，内部结构探测需要投入大量的人力、物力和财力，而竣工 BIM 可以完美地呈现建筑内部结构，虚拟化表达空间关系，帮助运维人员有一个直观的认识，为后续的运维和改造工作提供有价值的指导。

### 3.2.2　跨产业数据共享应用

随着互联网的高速发展，各行各业对数据的需求与日俱增，并且不仅仅在垂直行业，在消费、金融、通信、保险等领域，数据的跨界协同和交换也越来越频繁。然而，作为城市体量最大的建筑由于没有规范、可共享的数据支撑，长期游离在数据大协同的体系外，致使数字城市缺了很大一块空间数据。近年来，随着 BIM 技术、IFC（工业基础类）数据规范的出现，从技术层面有效解决了建筑没有可协调、可复用的数据问题，这也为建筑业深度参与跨产业数据协同奠定了重要基础。下面我们来看看，建筑数据和一些交叉领域的数据协同会产生奇妙的效果：

## 1. 金融保险

乍一看，BIM 与金融保险业似乎没有任何直接关系，但试想下，当我们需要对一栋大楼进行资产评估，该如何制定可量化的衡量标准呢？一般的方法是根据大楼的建筑面积、层高、年限、地理位置、用途等维度进行评价，但是这样的评估方法是非常不全面的。每栋大楼的内部结构不同、使用材料不同、施工方法不同、设备数量不同、是否有维修维护记录等信息都是表达建筑性能及使用情况的重要方面，是资产评估时必须要考虑的因素。

恰恰 BIM 是保存建筑信息最完整的容器，从设计、施工直到运维，凡是和建筑相关的数据 BIM 应有尽有。BIM 不仅可以满足金融保险对楼宇资产评估的需求，同时还能有效解决建筑信息采集难的难题，为精准化的资产评估提供重要数据依据。

## 2. 家装

居家装修是我们日常生活中都会遇到的情景，在进行装修前，装修装潢公司都会提供上门测量服务，以测量结果作为装修的底板。可是在现代都市快节奏、高压力的生活环境中，业主方更多只能利用周末或节假日时间在家监督完成此项工作，而装修公司同样存在时间扎堆、人员调派困难的问题。假设在业主入住前，开发商能交付一套基于 BIM 的数字房屋，业主可直接将数字房屋提供给装修公司，这样就能省去上面测量尺寸的环节，因为 BIM 内蕴含的信息已足以满足装修的需求。

在软装阶段，业主还可以在 BIM 环境中自由摆放各式各样的家具，甚至是模拟家具运输及安装的过程，不用担心因为尺寸大小不合适所带来的匹配问题和运输问题。同时还能在三维立体场景中，提前欣赏整体布局，体验视觉效果，大大提高业主对软装的满意度。

在房屋使用到一定阶段后，我们一定会遇到房子漏水等现象，并且经常由于无法了解隐蔽工程的情况，导致在维修时不小心凿到了管道或线路的问题。倘若有了 BIM 模型，墙内的隐蔽工程将一览无遗，能为合理的维修方案提供决策依据，避免"误伤"导致的财产损失。

3. 文化娱乐

在文化娱乐方面其实也非常需要共享 BIM 数据。我们以大型展会布置为例，传统的方式是会议组织方会安排人员到现场看场地，然后确认方案，这个过程非常慢，而且遇到异地的情况就更麻烦。如果有会场的 BIM 模型，那么就可以进行在线方案设计和协同沟通，如图 3-7 所示，我们可以模拟会场布局总体、特殊座椅摆放方式、升降台效果、自动计算会场容纳人数等，快速准确地确定会场布置方案，并可提前给客户做可视化的效果展示。除此以外，BIM 信息还可以应用在大型场馆自助导览、室内路径规划等很多方面。

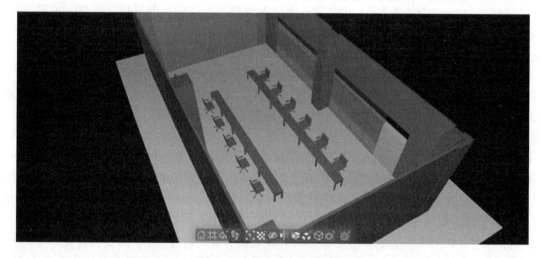

图 3-7　会场在线布置界面图

## 3.3　BIM 的未来价值

### 3.3.1　让城市现代治理心中有"数"

习总书记提出建设"数字中国"，数据是新的生产资料，谁拥有谁就赢得了未来，2017 年我国数字经济总量达到 27.2 万亿元，占 GDP 比重达到 32.9%，对 GDP 的贡献为 55%，继工业化之后，数字化将成为驱动经济社会发展的重要力量。

然而，作为构成城市体量最大的基础设施，如图 3-8 所示，包括但不限于：道路、桥梁、隧道、交通枢纽、地下管廊、公共建筑、商业建筑、工业建筑领域的数字化水平却始终较低，这也给现代城市治理提出了巨大的挑战。

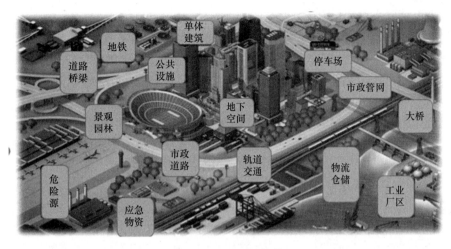

图 3-8　城市基础设施图

我们一般认为城市现代治理中需要的大数据分为三种类型，如图 3-9 所示，第一是行为数据，是以市民为主体，与人行为相关的业务数据。现在大量的互联网公司，如百度、阿里巴巴、腾讯、Facebook、知乎、美团、饿了么等公司都在致力于汇聚、管理和研究人的行为数据。第二是物联网数据，即由物理机器或设备实时运行产生的数据，通过各类传感器、摄像头、监控设备等采集海量动态数据，以此来掌控"物"的实时运行情况。随着物联网的发展和成熟，已涌现出一大批这类的物联网公司，如华为、小米、海尔、科大讯飞、博世等，他们潜心研究 IoT 数据并进行有效地收集和管理。第三是基础设施数据，它是城市构筑物的数字化表达，包括了构筑物的各类数据，这些数据是相互关联的，它能以三维的方式呈现，解决人类阅读理解的问题；能以数据服务的方式供各类应用调用，解决计算机读懂构筑物的问题。基础设施数据是城市的认知表达，在这方面目前国内大部分城市都是严重缺失的，而这部分的缺失也就造成了城市现在治理方面的短板。

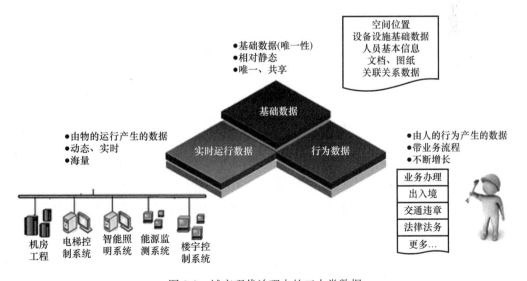

图 3-9　城市现代治理中的三大类数据

由于 BIM 技术的出现，城市基础设施数据终于可以揭下神秘的面纱，数字化管理的难点终于可以破解,建筑数据的生产、管理和共享复用不再是天方夜谭。随之而来的是一大批围绕 BIM 的算法和技术研发正在掀起又一个高潮,如 BIM 数据解析与轻量化、基于 Web 的 BIM 可视化、BIM 语义提取、BIM 模型外轮廓提取、路网数据提取等。这些新技术的研发和应用,必将为冰冷的钢筋水泥世界注入新的活力。

随着 BIM 逐渐被大家不断地熟悉和认同,BIM 数据的价值不仅在传统的工程行业内发挥着巨大作用,未来 BIM 的数据必将广泛地应用到城市治理与服务的每个角落。让城市的每一个角落都清晰可见,让每一项业务都有数据驱动,让城市更智能,让管理更精细,让生活更便利。

### 3.3.2 数字空间管理

一般意义而言,物理空间可以划分为宏观的大场景空间和微观的室内空间,但无论哪种空间,都和我们的日常生活、工作、学习密不可分。人类每天的活动都必定发生在某个特定的场景或空间中。然而我们对身边的环境其实是相当不了解的,因为能被掌握的和空间相关的信息与数据极其匮乏,因此"数字空间"的建立刻不容缓。

什么是"数字空间"呢?简单说来,就是用数字方式来研究空间环境,通过高分辨率卫星影像、空间信息技术、大容量数据处理与存贮技术、科学计算以及可视化和虚拟现实技术等,把空间环境数字化,使人们可以快速、直观、完整地了解我们所处的空间环境。BIM 也可以被理解为一种空间信息技术,从 BIM 可以提取出室内空间所需的大量信息,是解决微观空间问题的可靠技术保障。

"数字空间"对我们的生活和整个社会有怎样的影响呢?举个简单的例子,常见的导航系统在高架上就无法正常工作,因为定位精度不够。再比如,在大型商业综合体停车,用户会有不能快速找到停车位或者停了车找不到车的经历。这些现象都是源于我们对空间的认知、分配使用能力不足的表现。

为了有效管理建筑空间,保证空间的利用率,结合建筑信息模型进行建筑空间管理,其功能主要包括空间规划、空间分配、人流管理(人流密集场所)等。同时,利用 BIM 空间结构划分,能提供一种更便利的信息搜索定位功能。下面我们来看下"数字空间"是通过哪些 BIM 信息和技术来实现精细化管理的:

1. BIM+GIS 技术

GIS(Geography Information System)地理信息系统,是一门综合性学科,结合地理学与地图学以及遥感和计算机科学,已经广泛应用在不同的领域,是用于输入、存储、查询、分析和显示地理数据的计算机系统。GIS 是一种基于计算机的工具,它可以对空间信息进行分析和处理(简而言之,是对地球上存在的现象和发生的事件进行成图和分析)。GIS 技术把地图这种独特的视觉化效果和地理分析功能与一般的数据库操作(例如查询和统计分析等)集成在一起。但是,GIS 主要还是从宏观层面关注空间划分和管理,所以其数据组织方式都是以大场景视角为主,对于微观的室内空间,GIS 的数据和管理方式就显得不太适合。而 BIM 恰好是管理内部空间的"专家",所以如果将 GIS 与 BIM 技术进行融合,就能完整且精确地描述和表达我们所处的环境。

当然,要达到 GIS 与 BIM 数据级的融合还是有一定难度的,主要是这两者在数据组织、存储方式上都不完全一致,需要一个统一的数据交换格式。此处推荐一个开放的数据模型 CityGML,是一种用于虚拟三维城市模型数据交换与存储的格式,是用以表达三维城市模板的通用数据模型。它定义了城市和区域中最常见的地表目标的类型及相互关系，并顾及了目标的几何、拓扑、语义、外观等方面的属性，包括专题类型之间的层次、聚合、目标间的关系以及空间属性等。这些专题信息不仅仅是一种图形交换格式，同时可以将虚拟三维城市模型用于各种应用领域中的高级分析，例如模拟、城市数据挖掘、设施管理、专题查询等。CityGML 为 GIS 和 BIM 在数据层的融合提供了统一标准。

当 BIM＋GIS 技术应用到现实生活中，最显而易见的好处便是实现了从室外到室内的连续导航，解决老百姓"导航最后一公里"的问题。导航终点不再是大楼门口，而是可以准确到达某个房间或单元，大大节省在大型复杂建筑内寻找目的地的时间。

2. 基于 BIM 的室内地图构建与路径计算

室内路网提取是数字空间应用的基础之一，如图 3-10 所示，BIM 数据中包含了大量室内路网提取所需的各类信息，如通道、楼梯、门、墙等，所以可以使用 BIM 数据构建基于网格的地图模型。当然，此处假定所有数据都符合 IFC 规范，从 BIM 模型中提取建筑构件的几何和语义信息，然后将 3D 建筑构件离散化，并映射到平面网格中。然后，采用图像细化理论从基于网格的地图模型自动生成拓扑地图模型。显然，基于网格的地图模型和拓扑地图模型之间存在自然关系。如果要做特殊路径提取和计算，还可以将 BIM 构件的材料信息、通道体积等参数纳入计算范围。

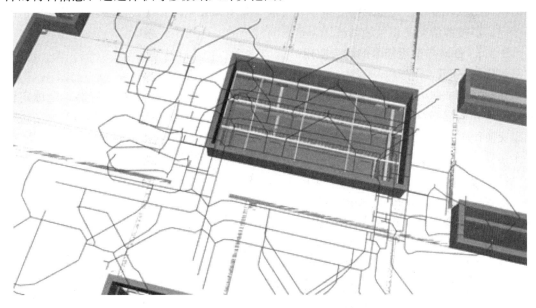

图 3-10　室内路网图

此技术可广泛应用于日常生活和工作场景中，如地下停车场、工厂机器人巡检等。此处，我们以地下停车场为例，看看可以拓展哪些更好的功能。

精准停车，依据停车库三维模型、车位占用情况、用户当前位置和目的地，查看当前空车位状态、数量、位置，智能推算最优的可用车位并推荐给用户，同时生成规划路线并进行实时导航，使用户精准地找到停车位，避免盲目停车，同时也可避免停车场管理混乱。

反向寻车，如图 3-11 所示，根据车牌/车位号、用户当前位置、停车库三维模型，定位车辆位置并智能规划最短路径进行实时导航，帮助用户快速找到车辆，摆脱寻车难的困境。

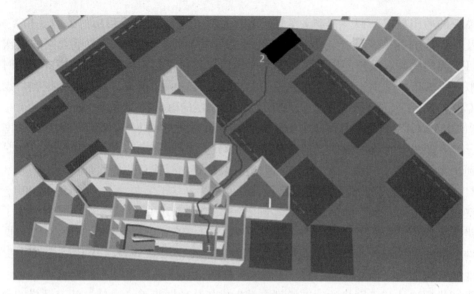

图 3-11　停车库路径规划图

中国科学院院士、空间物理学家魏奉思先生说："人类将会进入一个向空间要发展的新时代"。"数字空间"是将空间的科学、技术、应用和服务融入现代信息技术发展轨道的一个空间科技前沿交叉新领域，被认为是空间科技的一个战略新高地。

### 3.3.3　BIM 与前沿技术的融合应用

1. BIM＋IoT

IoT（Internet of Things）物联网，通过射频识别（RFID）、红外感应器、全球定位系统、激光扫描器等信息传感设备，按约定的协议，把任何物品与互联网连接起来，进行信息交换和通信，以实现智能化识别、定位、跟踪、监控和管理的一种网络。IoT 本质上是一个信号采集和处理的网络。物联网技术已被广泛应用于建筑、能源、化工、航天等行业。

然而，IoT 采集到的实时动态数据除了需要存储外，还需要在一个载体进行动态展示以及远程操控的环境，并且可以与空间信息关联，实现虚拟与真实空间的联动。所以，在现代工业互联网背景下，BIM＋IoT 的模式是必然趋势。目前，可接入 BIM 环境的 IoT 实时数据包括但不限于：

视频信号，

机械设备监测：温度、压力、流速、转速、开关状态、报警信号等，

空调系统：温度、风速、风向、模式切换、开关状态等，

照明系统：亮度、开关状态等，

能耗系统：用水、用电、用气量等，

环境监测：温度、湿度、风向、风力、水质、有害气体、阈值报警等。

如图 3-12 所示，这是一个工厂的 BIM 环境，高亮选中的是一个水泵，右侧弹出的属性面板上罗列的是动态监测的该水泵水质信息，实时数据以秒级的频率进行采集和刷新。通过一个三维可视化的界面，可以帮助用户快速准确地定位设备所在位置，随时查看该设备被监测的实时信号和数据，对于一些低安全要求的设施设备可以进行远程操控，从而降低工厂对运维人员的技术要求，实现异地或远程管理，节省人员成本。

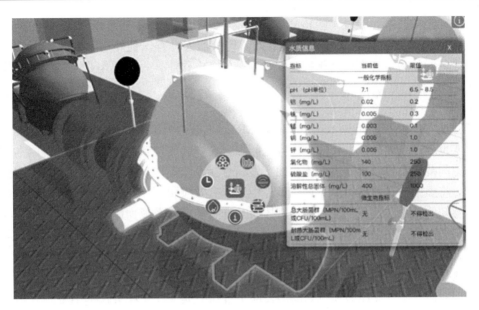

图 3-12　BIM＋IoT 展示

2. BIM＋AI（人脸识别、语音识别）

人工智能（Artificial Intelligence，AI），是计算机科学的一个分支，它企图了解智能的实质，并生产出一种新的能以人类智能相似的方式做出反应的智能机器，该领域的研究包括机器人、语言识别、图像识别、自然语言处理和专家系统等。

在很多场景中，BIM 和 AI 技术的叠加使用，将发挥更大的优势和价值，比如人脸识别、语音识别、机器人等方向。以人脸识别举例，通过人脸识别辨识出身份后，可以利用 BIM 的空间信息与定位技术捕获该人员在室内的位置，并在 BIM 虚拟环境中准确进行定位。同时可以追踪该人员的运动轨迹，判断分析该人员下一步可能的运动方向，极大地提升公安部门及时发现、定位、追踪危险人员的能力，将为城市公共安全治理增添数字化、智慧化的技术手段。

此外，人工智能另一个很重要的研究方向是机器人，通过计算机来模拟人的某些思维过程和智能行为（如学习、推理、思考、规划等），现在主要是通过图像识别和理解的方式实现，但这样的方式依然是较模糊和不精确的，机器人更需要的是一张可读懂的"电子空间地图"。这张地图应符合计算机信息处理、计算和理解的规则，以数字化的方式植入机器人的大脑，能实时为机器人提供精细化的路网信息和路径规划。BIM 天然就蕴含了机器人所需的这些数据，只需要增加一些空间提取算法，即可快速满足机器人的使用需求。

一个具有"识途"能力的高级机器人未来将在工业生产、服务行业发挥巨大的作用。在工业生产中，他们可以代替人类到一些危险复杂的环境中工作，比如地下煤矿、钻井平台、化工园区、高温环境等，避免高危环境可能带来的人员伤亡和职业病发病率，大大降低人类直接暴露在危险工作环境中的机会。同时，机器人还将代替运维人员，实现按指定路线和操作规程进行固定巡检，不仅安全可靠，还能减少人为因素导致的不规范操作，降低误操作的概率。

同样，在我们日常的生活中，这类高端机器人还能从事一些更人性化的服务业工作，比如直达房间门口的快递服务、送餐服务等，这些都依赖于为机器人提供"自我导航"的电子地图和定位技术。针对一些超高层建筑的外墙清洗工作，还可以把 BIM 的外墙数据（材质、形状与面积、位置等）输入机器人，使机器人具有识别外墙和判断行为动作和选用不同工具的能力，将来可以代替"蜘蛛人"的高空作业，为保护作业人员的人身安全贡献巨大的力量。

3. BIM＋AR

增强现实技术（Augmented Reality，AR），也被称为扩增现实。AR 增强现实技术是促使真实世界信息和虚拟世界信息内容之间综合在一起的较新的技术内容，将原本在现实世界的空间范围中比较难以进行体验的实体信息在电脑等科学技术的基础上，实施模拟仿真处理，将虚拟信息内容叠加在真实世界中加以有效应用，并且在这一过程中能够被人类感官所感知，从而实现超越现实的感官体验。真实环境和虚拟物体之间重叠之后，能够在同一个画面以及空间中同时存在。

增强现实技术不仅能够有效体现出真实世界的内容，也能够促使虚拟的信息内容显示出来，这些细腻内容相互补充和叠加。在视觉化的增强现实中，用户需要在头盔显示器的基础上，促使真实世界能够和电脑图形之间重合在一起。增强现实技术中主要有多媒体和三维建模以及场景融合等新的技术和手段，增强现实所提供的信息内容和人类能够感知的信息内容之间存在着明显不同。

将 BIM 机电模型的数据应用在 AR 中，可充分发挥 BIM 的可视化价值，如图 3-13 所示，供用户快速查看隐蔽工程，将原本肉眼不可见、不易见的机电设备展现在用户眼前，供快速排查与检修。也可基于 BIM＋AR 查看设备的实时运行数据，走到真实场景中监管设备运行的数据，实现一个终端同时管控。此外，还可以使项目管理者更直观地识别现场危险源，以及时采取有效措施消除安全隐患。

图 3-13　BIM＋AR 效果图

## 习　　题

1. 简述 BIM 在运维阶段的应用价值。
2. 简述 BIM 在全生命期数据协同的价值。

# 第 4 章　BIM 应用开发基础

本章详细阐述面向 BIM 应用开发的程序设计、软件开发和平台开发等基础知识。第 4.1 节介绍程序设计基础，重点讲述面向对象程序设计、面向对象的思维在 IFC 标准中的应用、Web 应用程序编程接口三部分内容。第 4.2 节介绍 6 种 BIM 应用开发的方法，并且为每种方法提供了可供选择的软件和平台。本章旨在使读者对 BIM 应用开发所需的基础知识具有充分的认识，为读者在今后的 BIM 应用开发实践中奠定基础。

## 4.1　程序设计基础

### 4.1.1　面向对象程序设计

面向对象程序设计（Object-Oriented Programming，OOP）是当今普遍使用的一种程序设计方法。在面向对象程序设计方法出现之前，结构化设计是程序设计的主要方法。结构化程序设计通常是针对需要解决的问题来设计解决步骤并逐步完成。结构化程序设计一般适用于解决数学方程或者能够抽象为数学方程这一类应用问题上。而在目前计算机领域内，有很多问题并不适合使用结构化程序设计方法，例如用户界面程序设计。由于面向对象程序设计和结构化程序设计在设计理念上的不同，惯用结构化方法进行程序设计的编程人员在学习和掌握面向对象程序设计时会遇到很多不可避免的问题。但是，由于面向对象程序设计具有对象唯一性、分类性、继承性、多态性等特征和优势，面向对象程序设计在当前计算机应用开发领域占据主导地位。

1. 面向对象的基本概念

面向对象的分析方法是利用面向对象的信息建模概念，如实体、关系、属性等，同时运用封装、继承、多态等机制来构造模拟现实系统的方法。当前，面向对象的概念及其应用已超越了程序设计和软件开发而扩展到更加丰富的计算机应用领域，如数据库系统、交互式界面、应用结构、应用平台、分布式系统、网络管理结构、CAD 技术、人工智能等领域。

传统的结构化设计方法是面向过程的，系统被拆分成若干个处理过程。而面向对象的方法是采用构造模型的观点，在系统的开发过程中，各个步骤的共同目标是建造一个针对某个问题的模型。在面向对象的设计中，初始元素是对象，系统将具有共同特征的对象归纳成类，然后通过组织和管理类与类之间的等级关系，构造类库。在实际应用过程中，可以在类库中调用相应的类。

2. 面向对象程序设计概述

面向对象程序设计（Object Oriented Programming，OOP）是一种具有对象概念的程序编程典范，同时也是一种程序开发的抽象方针，它包含数据、属性、代码与方法等方面内容。对象则指的是类的实例。它将对象作为程序的基本单元，将程序和数据封装其中，以提高软件的重用性、灵活性和扩展性，对象里的程序可以访问及修改与对象相关联的数据。在面向对象程序编程里，计算机程序会被设计成彼此相关的对象。

面向对象程序设计可以看作一种在程序中包含各种独立而又互相调用的对象的思想，这与传统的思想刚好相反。传统的程序设计主张将程序看作一系列函数的集合，或者直接是一系列对计算机下达的指令。面向对象程序设计中的每一个对象都应该能够接收数据、处理数据并将数据传达给其他对象，因此它们都可以被看作一个小型的"机器"，即对象。当前已被证实的是，面向对象程序设计的推广，体现了程序的灵活性和可维护性，并且在大型项目设计中广为应用。此外，支持者声称面向对象程序设计要比以往的做法更加便于学习，因为它能够让人们更简单地设计并维护程序，使得程序更加便于分析、设计、理解。

当前，常用的面向对象编程语言包含 Common Lisp、Python、C++、Objective-C、Smalltalk、Delphi、Java、Swift、C♯、Perl、Ruby 与 PHP 等。

3. 面向对象程序设计的基本特征

面向对象程序设计的特征是有别于其他程序设计方法的主要优势。自 20 世纪 80 年代提出以来，面向对象概念经受了行业内几十年的考验与磨炼。到目前为止，面向对象程序设计的特征已经受到相关从业人员的广泛认同，并且大部分面向对象的编程语言都能得到广泛的支持。

面向对象程序编程的定义是使用"对象"来做设计，但并非所有的编程语言都直接支持"面向对象程序编程"相关技术与结构。对于 OOP 的准确定义及其本意存在着不少争论。通常，OOP 被理解为一种将程序分解为封装数据及相关操作的模块而进行的编程方式。有别于其他编程方式，OOP 中的与某数据类型相关的一系列操作都被有机地封装到该数据类型当中，而非散放于其外，因而 OOP 中的数据类型不仅有着状态，还有着相关的行为。

OOP 理论及与之同名的 OOP 实践相结合创造出了新的一个编程架构；OOP 思想被广泛认为是非常有用的，以致一套新的编程范型被创造了出来。面向模拟系统语言（如 SIMULA 67）的研究及高可靠性系统架构（如高性能操作系统和 CPU 的架构）的研究最终导致了 OOP 的诞生。面向对象程序设计的特征主要有：

（1）类

生活中，人们根据所认识的客观事物的特征，把众多种类的事物归纳划分在一起。这样的划分方式所依据的原则就是抽象，即忽略事物本身的非本质特征，只拿出事物本身与当前目标有关的本质特征，找到一些事物的共性，把有共性特征的事物划分为同一类，从而得出一个抽象的概念。被这样划分出的一组事物称之为一类，例如动物、植物是一大类，在大类中还有其他的小类，例如树、马、羊。再往下细分，即使只有两个个体，也可以将他们之间的共性抽象出来，得到一个类。每一类事物有这一类共有的属性，例如"树有树根、树干、树枝和树叶，它能进行光合作用"，这个描述适用于所有的树，所以对一类事物的描述可以是这一类事物所有的共性。所以说，在现实世界中，"类"是一组具有相同属性和行为的对象的抽象。

在图 4-1 中，就"建筑"这一类而言，它本身忽略了"工业建筑"和"民用建筑""农业建筑"的不同功能特性。"民用建筑"这一类又忽略了"居住建筑"和"公共建筑"他们不同的使用功能等。如果注重这些特征的话，就可以把类分得更细，可以根据"居住建筑"的建筑风格、建筑高度等特征继续给"居住建筑"分类。由大类到小类是由一般到特殊的过程，特征越来越细化，最后得到更具体的类。而从小类到大类则是由特殊到一般的过程，特征越来越抽象，可以用来描述的对象也越来越多，最后得到一个更泛化的类。

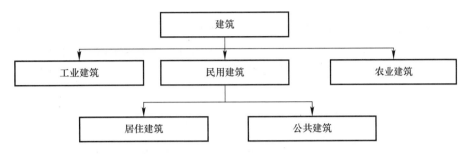

图 4-1　按功能划分建筑类

在面向对象程序设计中，类就是具有相同数据和相同方法的一组对象的集合，是对具有相同数据结构和相同方法的一类对象的描述。在面向对象的编程中，总是需要先声明类，再由类生成其对象。如图 4-2 所示，声明了"火车站"这一类，其中包括所有"火车站"共有的属性与所有"火车站"有的能力。当然，"火车站"的属性远远不止图 4-2 中所展示出来的，"火车站"的能力也不只是图 4-2 中展示出来的。

```
Class 火车站:
    attribute:
        候车厅
        售票处
        进/出站口
        ...
    function:
        运送旅客
        接收列车
        ...
```

图 4-2　定义"火车站"类

在声明了"火车站"这一类之后，接下来就可以通过这个类来定义一个特定的对象，一个特定的"火车站"。如图 4-3 所示，定义了一个火车站为"北京西站"，并且将"北京西站"的候车厅定义为 13 个，我们能定义候车厅数量，自然也可以定义它的其他属性。在定义了"北京西站"是"火车站"之后，"北京西站"也就拥有了"火车站"的所有能力，它就拥有接收列车、运送旅客等功能。

（2）对象

对象（Object）是面向对象程序设计的核心部分，是实际存在的具体实体，具有明确

```
define 北京西站 is 火车站:
    北京西站.候车厅: 13个
    北京西站.接收列车
```

图 4-3　定义北京西站为火车站

定义的状态和行为。从一般意义上来说，现实生活中的每一个实际存在的事物都是一个对象，它可以是在现实世界中真实存在的，比如一个人，一辆车等，也可以是虚拟的，如一项任务。对象是构成世界的一个独立单位，它具有自己的静态特征和动态特征。静态特征是用来描述这一对象实际的特征，如人的肤色、发色、身高体重等，也就是属性。动态特征则是这一对象所表现的行为或者所具有的功能，例如人能走路、跑步或者是能完整地完成一件事情等，也就是对象具有的功能。在面向对象程序设计中的对象则表示为一个类的实例。比如定义一个班级的类，然后将 1 班定义为一个班级。则 1 班就是一个实例化的班级，一个对象。

在现实生活中，如果我们只是知道了一个对象属于哪一类，那我们只是抽象地知道这个对象有哪一些特征，而并不知道这些特征的具体内容。在对象的组成中，还有属性和功能这两个重要的因素。属性是用来描述对象静态特征的一个数据项，功能则是用来描述对象动态特征（行为）的动作序列。

一个对象可以具有多个属性和多个功能。多个属性和多个功能组合成一个整体，这个整体就是对象。而对象的属性值则只能由这个对象的方法存取。因此对对象操作时，需要用到对象的对象标识（OID），其作用是指明这个唯一的对象，就像每个人对应的唯一身份证号码一样。

根据以上所述，在面向对象程序设计中的对象可以有如下定义：

对象是类的实例，也是问题的抽象，它反映了该事物在系统中需要保存的数据和能够发挥的功能，它是由一组属性和可以对这些属性进行存取和修改一系列的功能所构成的封装体。

（3）封装

封装是面向对象的一个重要的原则和特征。封装包含两重含义。其一，封装把对象的全部信息和全部方法结合到一起，形成一个不可分割的独立单元，即对象。其二，封装通过选择性地隐藏和显示部分信息，实现信息隐蔽。对于隐藏的部分，封装尽可能地隐蔽其中的信息，对外界形成一个屏障，只展示有限的接口与外界交流。这意味着对象外部无法直接修改和存取对象的隐蔽属性，只能通过开放的几个接口方法与之发生联系。因此，可以这样定义封装：

封装是指将对象的属性和方法结合成一个独立且内部隐蔽的系统单元，并且只能通过有限的开放的接口和对象内部发生联系。

```
//面向过程程序设计          //面向对象程序设计
define 北京西站            define 北京西站 is 火车站
北京西站.售票             北京西站.运送旅客
北京西站.检票
北京西站.运送旅客
```

图 4-4　两种方式定义对象的区别

如图 4-4 所示，当设计"火车站"的运送旅客功能时，面向过程的程序与面向对象的程序编写的方式差别比较大，如图 4-4 所示。面向过程程序设计需要将"火车站"运送旅客的过程重新定义一遍，而面向对象程序设计只需要将"北京西站"定义为"火车站"，则可以直接进行运送旅客，其中具体运送旅客之前的步骤就不得而知了，因为这个方式都封装在了"火车站"这个类里。

（4）继承性

继承是面向对象方法最重要的特征之一，通过子类对父类的继承，大大提高了软件开发的效率。子类拥有着父类的所有属性与方法，在面向对象程序设计中称之为子类对父类的继承。

继承性是子类共享其父类数据和方法的机制。它由类的派生功能体现。一个类直接继承其他类的全部描述，同时可修改和扩充。继承具有传递性。继承分为单继承（一个子类有一父类）和多重继承（一个类有多个父类。Java 和 C♯ 等高级语言通常不支持继承多个父类；其多重继承通过继承一个父类并实现多个接口形式实现）。类的对象是各自封闭的，如果没有继承性机制，则类的对象中的数据、方法就会出现大量重复。继承不仅支持系统的可重用性，而且还促进系统的可扩充性。

继承意味着在父类中有的属性和方法，在子类中都不必再声明。子类有着从父类继承来的属性和方法。继承来的属性和方法虽然都是隐藏的，但是在实际操作时都是可以直接使用的，和在父类中的属性和方法都没有任何的区别。当子类又被它的子类继承时，除了最开始从父类继承来的属性和方法，子类中新声明的属性和方法都可以直接继承到它的子类。也就是说继承关系是传递的，可以一代代传递下去。

继承不管是在现实生活中还是编程语言中都有着重要的意义，它简化了人们对事物的认知和描述。在现实生活中，当知道了"交通建筑"这一类之后，我们不用去查看"机场"的所有属性，就能知道"机场"大致有哪些功能。再接着具体化，"大兴机场"是"机场"的子类，而"机场"是"交通建筑"的子类，所以"大兴机场"不仅有着机场独特的属性和功能，也有着机场从它的父类（交通建筑）继承来的所有属性和功能。而且"大兴机场"也有着这一类独特的属性和行为，比如它的外观设计，如图 4-5 所示。在软件开发中，子类对父类的继承也是如此。在定义子类的时候，如果是父类已经有的属性和方法就不必再去定义了，因为这些都可以直接继承父类。对于父类没有而项目中又有需要的属性和方法，就需要再去定义这些属性和方法。所以在程序设计的过程中，继承大大地减少了开发需要的时间和精力，也大大减少了程序的规模。

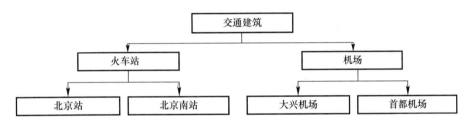

图 4-5　子类对父类的继承

（5）多态性

在计算机语言中，多态性一般是指同一个语句在不同情况下有不同的含义。在面向对象程序设计中，多态性是指同一个父类下的不同子类，在执行相同方法时，有着不同的反应，或者相同属性也有着不同的属性值结构。因此，多态性的定义为：在父类中定义的属性或方法被子类继承之后，可以具有不同的属性结构类型或面对相同名称的方法表现出不同的行为。

以图 4-6 为例，"娱乐建筑"这一父类下，"电影院""剧院"和"音乐厅"都拥有娱乐的功能，但是它们让人娱乐的方式不一样。

多态性的实现受到继承性的支持。利用类继承的层次关系，把具有通用功能的协议存放在类层次中尽可能高的类中，而将实现这一功能的不同方法置于较低层次。以此，在低层次上生成的对象就能给通用消息以不

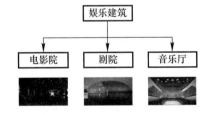

图 4-6　对象的多态性

同的响应。现有面向对象的编程语言都支持在派生类中重定义基类函数（定义为重载函数或虚函数）来实现多态性。总的来说，不同对象对于相同消息有不同的反应，就是面向对象程序设计中的多态性。

面向对象的程序设计已经渗透到计算机行业的各个领域，面向对象的方法也已经应用到了软件生命周期的各个时期。BIM 旨在解决建筑全生命周期数据共享和业务协同，面向对象的设计思想也已深入应用到 BIM 领域。

### 4.1.2　面向对象的 IFC 标准

在第 1 章我们提到过 IFC 标准的基本内容，这一小节我们重点介绍 IFC 的属性继承。这种属性的继承与面向对象的设计思维类似，子类继承父类的属性，而且子类还拥有父类

不具备的特殊属性。

IFC 文件中，任何一个实体（如 IfcBeam）都是通过属性来描述自身信息，如表 4-1 所示，属性分为：显示属性、反属性、派生属性。

IFC 实体的属性                                                            表 4-1

| 名称 | 描述 |
|------|------|
| 显示属性 | 指标量或直接信息，如 GlobalId、Name 等 |
| 派生属性 | 由其他实体表述的属性，如 OwnerHistory、ObjectPlacement、Representation |
| 反属性 | 通过关联实体进行链接的属性，如 HasAssociations 通过关联实体 IfcRelAssociates 可以关联构件的材料信息 |

IFC 标准作为三维建筑信息交换标准。它定义了各种建筑概念的数据结构（类），并将其组织出一个类体系结构。这个类体系有唯一的一个根类 IfcRoot，向下派生出三大类对象：IfcObject、IfcPropertyDefinition 和 IfcRelationship。可以看到 IFC 标准把不局限于建筑实体、概念之间的关系也都抽象为对象。任何两个对象之间的联系都要通过一个 IfcRelationship 对象，而不是直接通信。

IFC 实体的属性是通过继承关系获得的。如图 4-7 所示，构件 IfcBeam（梁）在 IFC4 版本中总共有 33 个属性，而自身只有 Predefined Type 这一个属性，其余的 32 个属性都是继承而来。IFC 物理文件中语句 IfcBeam 则只显示了 9 个属性，包括直接属性和导出属性，其余的 24 个属性为反属性，图 4-7 中只显示了直接属性和导出属性，反属性详情可以参照官方文档。

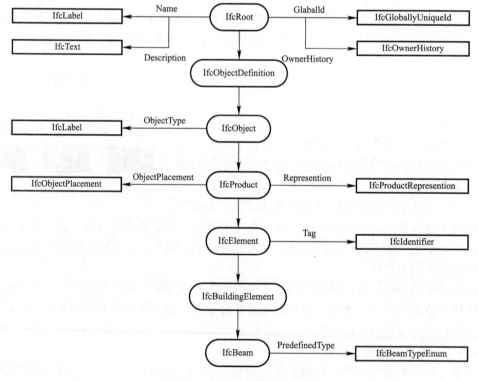

图 4-7　IfcBeam 的属性继承

图 4-8 展示了从 IfcProduct 开始更详细的继承关系，可以发现所有的建筑实体都是在 IfcElement 下的 IfcBuildingElement 的子类，比如墙、柱子、梁、楼板等。而其他 IfcBuilding、IfcBuilding、IfcSite 和 IfcSpace 都是 IfcSpatialStructureElement 的子类。

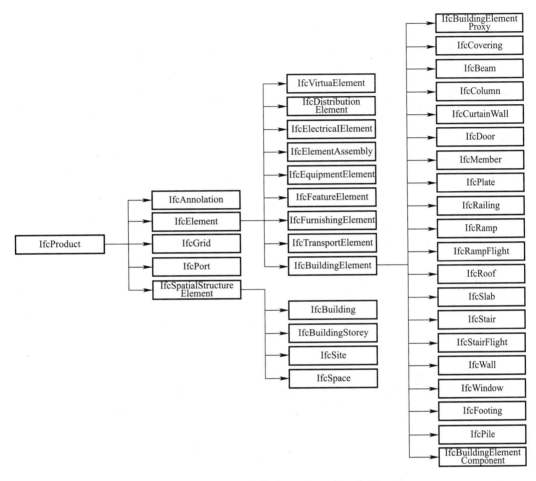

图 4-8　IFC 继承关系-以 IfcProduct 为例

### 4.1.3　Web 应用程序编程接口

20 世纪 90 年代初，Web 技术的雏形发轫于欧洲核子研究组织（CERN），并在该研究组织中诞生了首个网站服务器（CERN httpd）。受此鼓舞，不久之后位于美国伊利诺伊大学厄巴纳-香槟分校的美国国家超级计算机应用中心（NSCA）也于 1993 年成功开发了 NSCA httpd（Apache 前身）服务器。伴随着浏览器技术的发展，Web 应用和互联网开始渐渐进入人们的视野和日常生活。当前，建筑领域也出现了多家公司研究出基于 Web 的建筑云平台，渐渐拉开了建筑服务平台从软件端向 Web 端过渡的序幕。

互联网产业的高速发展也使得 Web 应用之间的通信、移动端应用和服务器间的通信等变得举足轻重，受关注的程度也越来越高。在众多科技公司的推动下，各种基于 Web 的框架层出不穷。因此，更敏捷、开放和高效，基于 HTTP/HTTPS 协议，并以 JSON 为数据传输格式的 Web API 技术得到广泛的应用和发展，逐渐成为业界跨进程、跨应用交互的不二之选。

1. Web API 简介

API 的全称是"Application Programming Interface",是软件组件的外部接口。Web 应用程序编程接口缩写为 Web API。在了解和使用 API 的过程中,开发人员并不会知道 API 的内部是怎样运转的,但是,阅读相关文档之后就可以在外部直接调用这些功能。在外部调用软件功能时,首先需要定义该软件功能的调用规范等信息,调用规范信息就是 API。Web API 是基于 HTTP 协议制定的 API,它通过 URI 信息来指定端点。

简而言之,Web API 就是一个 Web 系统,通过访问 URI 可以与服务器完成信息交互,或者调用存放在服务器上的数据信息等。获得的数据和在网页上访问相关网址看到的数据内容一样,但是形式不一样。网页上的数据增加了人机交互界面,而通过 Web API 得到的数据只是一串带有相关意义的字符串。Web API 的 URI 也可以直接通过浏览器打开以查看其内容。以百度给 IP 地址定位的 API 为例,其 Web API 的 URI 为:http://api.map.baidu.com/location/ip。

通过以上 URI,添加相关的参数字段,就可以得到目前发送请求的机器所属的 IP 的地址。请求结果如下所示。通过 Web API 接口获取的如下数据是 json 格式的数据,不是我们浏览网页时所看到的 HTML。这样的数据就是纯文字的数据,它表明 API 获取的数据不是通过点击或者直接输入来获取的,而是通过程序进行调用,从而获得数据,将其作为其他的用途。

```
{
    address:"CN|北京|北京|None|CHINANET|1|None",   #详细地址信息
    content：   #结构信息
    {
        address:"北京市",   #简要地址信息
        address_detail：   #结构化地址信息
        {
            city:"北京市",   #城市
            city_code:131,   #百度城市代码
            district:"",   #区县
            province:"北京市",   #省份
            street:"",   #街道
            street_number:""   #门牌号
        },
        point：   #当前城市中心点
        {
            x:"116.39564504",   #当前城市中心点经度
            y:"39.92998578"   #当前城市中心点纬度
        }
    },
    status:0   #结果状态返回码
}
```

当发送请求时，没有输入有效的相关参数或者相关参数形式出现错误都会导致获取不到上述数据。如下所示，当请求中缺少 AK 参数时，得到了以下的结果。

〔"status":101,"message":"AK 参数不存在"〕

这里值得注意的一点是，返回内容中的 status 参数，为结果状态码，不同的状态码标识着不同的返回结果。如表 4-2 所示，返回状态码为 0 时，表示结果正常；当返回状态码为 101 时，表示 AK 参数不存在；当返回状态码为 250 时，表示用户不存在等。在状态码的设计是由该 API 的设计人员设定的，其意义也是由其设计人员所定义，所以要知道返回状态码具体表示什么样的结果，则需要参考官方给出的相关文档。

HTTP 请求不同的返回状态

表 4-2

| 状态码 | 定义 | 注释 |
| --- | --- | --- |
| 0 | 正常 | |
| 1 | 服务器内部错误 | 该服务响应超时或系统内部错误 |
| 101 | AK 参数不存在 | 请求消息没有携带 AK 参数 |
| 200 | APP 不存在，AK 有误请检查再重试 | 根据请求的 AK，找不到对应的 APP |
| 250 | 用户不存在 | 根据请求的 user_id，数据库中找不到该用户的信息，请携带正确的 user_id |
| 260 | 服务不存在 | 服务器解析不到用户请求的服务名称 |
| 261 | 服务被禁用 | 该服务已下线 |

开发人员也可以通过 JavaScript 来获取数据，并进行二次加工，并根据要求将这些数据进行公开展示，这也属于 Web API 的范畴。

随着互联网的不断发展，Web 应用的不断扩张，Web API 在互联网中的重要地位也越来越明显。ProgrammableWeb（https：//www. programmableweb. com）是一个收集各类公开的 API 信息，并且对外提供 API 目录检索功能的在线服务。根据 ProgrammableWeb 调查显示，2019 年 6 月该网站所统计的 API 数量相较于四年前增长了 30％，而且还在持续增长中。Web API 的重要性也越来越得到了体现，其中推动 Web API 发展的很重要一部分原因在于移动应用的广泛推广与应用。

智能手机在人们生活和工作中逐渐变成了必不可少的一部分，根据美国一家独立民间调查机构皮尤研究中心（Pew Research Center）2018 年调查显示，韩国手机普及率为 94％，占据榜首，中国手机普及率为 68％，处于中游位置。可以看出智能手机在人们的生活中有着非常高的覆盖率。在中国覆盖数亿人群的微信社交软件，不论是在人们生活还是工作中都占据了重要的位置，甚至是有些人必不可少的软件。而微信中的很多功能的使用都用到了 API。

所以智能手机覆盖的人群越来越广是 Web API 变得越来越重要的一个原因。当智能手机需要与服务器进行通信时，就会使用到 Web API。这里的 API 只用于应用自身同服务器进行连接，一般不会对外公开，但从开发使用 HTTP 协议通过互联网进行访问的 API 这一层面来说，和一般对外公开的 Web API 又没有任何区别。

2. API 模式

随着互联网应用的普及，Web API 的重要性不断在提升，需要开发人员进行 Web API 设计的应用场景也不断增加。当开发人员遇到如下这几种情况时，则需要设计 Web API。

（1）将已发布的 Web 在线服务的数据或功能通过 API 公开

这是公开发布 Web API 最原始的目标之一。如果你正在参与某种在线服务的开发，当确定该在线服务中需要提供 Web API 时，就必须对 Web API 进行设计。

在 Web API 的发展中，Amazon 和 Twitter 通过 Web API 对外公开信息，给全世界带来了极大的震撼，为现代 API 的公开打下了基础。在中国，有像阿里、百度这样的公司公开了自己的 API，百度地图的 API 可以根据 ID 地址返回你所属 IP 的地址信息等，各种各样的在线服务都能通过 API 来使用或者获取相关功能和数据。ProgrammableWeb 网站提供的数据显示，2019 年该网站总共收录了接近 22000 个 API。ProgrammableWeb 对 API 进行了分类，在其网站上总共收录了 487 类 API。据此也可以了解到现在各种各样的功能都在通过 API 对外公开，数量排名在前 21 的 API 类别如表 4-3 所示。

公开 API 的类型和数量                                                           表 4-3

| 类别 | 数量 | 类别 | 数量 | 类别 | 数量 |
| --- | --- | --- | --- | --- | --- |
| Mapping | 5717 | Social | 4906 | Financial | 4429 |
| eCommerce | 4374 | Mobile | 3994 | Cloud | 3927 |
| Messaging | 3884 | Data | 3768 | Payments | 3728 |
| Tools | 3597 | Search | 3546 | Application Development | 3280 |
| Video | 3266 | Enterprise | 3004 | Analytics | 2990 |
| Business | 2685 | Marketing | 2522 | API | 2486 |
| Security | 2439 | Telephony | 2007 | Photos | 1959 |

在公开 API 时，需要以未知的第三方能否顺利调用为前提，做好相关文档的公开工作。在设计 API 时，也需要设计者时刻铭记将 API 设计得易于理解、便于使用。另外有时还必须对用户的登录以及访问加以控制。当变更 API 的设计规范时，还需要估计那些仍在使用变更前规范的用户，制定应对策略。

（2）构建现代 Web 应用

以前 Web 应用的信息切换往往会伴随着页面的跳转，现在的 Web 服务及应用却能够在加载页面时异步获取信息，不进行页面跳转就能提供各种各样的功能，而且这一切也正变得越来越普及。通过缩小页面之间交互的数据量，调整数据交互的时机，还能够提供更好的用户体验。另外，最近完全不进行页面跳转，只用一个页面来搭建网站的案例也越来越多，甚至还出版了相关图书。要构建这种风格的网站必须进行 API 的设计。

要构建这样的在线服务，一般做法是使用一种名为 AJAX 的技术，通过 JavaScript 访问 Web 服务器并获取相关资源。至于如何获取相关资源，就需要使用 Web API 了。虽然这类 API 也是通过浏览器来访问的，但不同的是访问基本上都来自自己的网站，与之后介绍的移动应用所使用的后端 API 非常相似。只是这类 API 也使用了 JavaScript，通过阅读代码就能理解背后的原理，这点又同提供给微信使用的 API 非常相似。

（3）开发智能手机应用

正如前面 Web API 重要性中所说的，目前智能手机的普及率正在不断提高，因此对于专门面向智能手机的应用需求也会随之增多。而当开发面向智能手机的应用时，经常需要开发 Web API，以通过 API 完成客户端同服务器的连接。

在这样的场景中，客户端就是智能手机上的应用，由于探究它的内部不像在浏览器上使用的 API 那样简单明了，因此对该类 API 进行非法访问也会困难一些。另外，可能有人会觉得这样的 API 同一般对外公开的 API 有所不同。但是当服务器与客户端在网络上进行数据交互时，倘若对整个网络通信数据包进行探测，立即就能获取相关信息，因此这样的 API 同样有必要严格防范非法访问。另外，在使用浏览器的场景中，基本上所有的资源都配置在服务器端，在服务器端就能方便地管理客户端运行的代码。与此不同，移动应用一旦安装完毕，直到下次更新为止，会始终使用原来的旧代码，因此必须战略性地进行 API 的升级等工作。

（4）开发社交游戏

社交游戏是多人组合组成的游戏，一般需要在游戏过程中一边与其他游戏玩家进行交互，一边完成特定的任务。从和其他玩家交互这一点来看，需要将游戏的数据保存到服务器上，这就不得不需要和服务器端进行通信。社交游戏在实时性上没有那么严格的要求，因此在社交游戏中经常使用轻量级的 Web API。这样一来，在社交游戏的开发中，也同样需要设计 API。

（5）公司内部多个系统的集成

在 Web API 中，不仅仅只有对外公开的 API，除此之外还有仅限于公司内部使用的 API，这些 API 集成了公司内部各个系统，为公司内部人员的使用提供便利。

如今，虽然公司内部业务信息化的案例很多，但由于这样的信息化系统需要根据公司内部的需求来开发或者改进，因此不同时期搭建的信息系统、不同岗位搭建的信息系统杂乱无章同时存在的情况非常多。这种情况下，如果各系统进行集成或各系统之间直接相互访问数据库，那么一处地方的变更就会引发多米诺骨牌效应，引起其他系统发生不良反应，这样的风险也在不断增加。

3. HTTP 方法

在使用 HTTP 方法访问 API 之前，首先要弄清楚 API 的端点，也就是 API 的 URI，只有通过特定的 URI 才能访问带响应的 API。

API 端点与 HTTP 方法有千丝万缕的联系，在考虑 API 访问方法时，必须要同时考虑到这两个因素。HTTP 方法是进行 HTTP 访问时指定的操作，包括了著名的 GET/POST 操作等。

通过不同的方法访问同一个 URI 端点，不但可以获取信息，还能修改信息，删除信息等。因此我们可以将资源和对资源进行怎样的操作分开处理。这么做和 HTTP 的设计思想也吻合，Web API 中遵循这样的思想进行设计的方式也正在成为主流。

开发 Web 应用时，一种普通的做法是通过 GET 的方法来获取服务器端的信息，而通过 POST 的方法来修改服务器端的信息。Web 页面里使用某元素 A 的普通链接，可以视为使用 GET 的方法进行访问。另外，在使用表单的情况下，可以选择 POST 方法和 GET 方法。

由于 HTTP4.0 里只允许使用 GET 和 POST 方法，因此在开发普通的 Web 应用时，多数情况下只会用到 GET 和 POST 方法，但 HTTP 协议中定义了更多的 HTTP 方法。另外，在其他很多情况下，会用到以下几种方法，如表 4-4 所示。

HTTP 方法和说明                                               表 4-4

| 方法名 | 说明 |
|---|---|
| GET | 获取资源 |
| POST | 新增资源 |
| PUT | 更新已有资源 |
| DELETE | 删除资源 |
| PATCH | 更新部分资源 |
| HEAD | 获取资源的元信息 |

（1）GET 方法

GET 方法是访问 Web 最常用的方法，表示"获取信息"。浏览器里使用某元素 A 的链接可以通过 GET 方法获取。GET 方法一般用于获取 URI 指定的资源（信息）。因此，当人们使用 GET 方法访问时，一般不会修改服务器上已有的资源。

（2）POST 方法

POST 方法通常与 GET 方法成对使用。一般认为 GET 方法用于获取信息，而 POST 方法则用于更新信息，但其实这样的理解仍然存在一些偏差。

POST 方法的初衷是发送附属于指定 URI 的新建资源信息，简而言之，该方法用于向服务器端注册新建的资源。信息的更新、删除等操作则是通过其他的 HTTP 方法来完成。在新用户注册、发布新的博文或新闻消息等情景中，用 POST 方法最为恰当。而修改已有的用户信息、删除已注册的数据时，则应用 PUT 或 DELETE 方法，而不是 POST 方法。

但是，由于 HTML4.0 的表单中 method 方法只支持 GET 和 POST 方法，因此使用表单从浏览器提交信息时，渐渐地更新、删除在内的操作都使用 POST 方法来实现。

（3）PUT 方法

PUT 方法和 POST 方法相同，都可用于对服务器端的信息进行更新，但二者 URI 的指定方式有所不同。一方面，POST 方法发送的数据"附属"于指定的 URI，附属表示从属于 URI 之下。以文件系统为例，把文件放入目录后，文件就成了目录的附属部分。因此，对文件目录或分类目录等表示数据集合的 URI 进行 POST 操作后，就会产生从属于原有集合的新数据。

另一方面，PUT 方法则是指需要更新的资源集合的 URI 本身，并对其内容进行覆盖。当 URI 资源已经存在，PUT 操作就意味着对该资源进行更新。虽然 HTTP 协议定义了当所指资源不存在时，可以通过 PUT 操作发送数据，生成新的资源，但 Web API 一般只用 PUT 方法来更新数据，而一般会使用 POST 方法来生成新的资源。

（4）DELETE 方法

顾名思义，DELETE 方法是用来删除已经存在的指定资源。更加具体来说，是指定的 URI 所代表的资源。

（5）PATCH 方法

PATCH 方法和 PUT 方法相同，都用于更新指定的资源。从"PATCH"一词可以看出，该方法不是更新所有资源的全部信息，而是只更新资源的"一部分"信息。PUT 方法就会用发送的数据替换原有的资源信息，而 PATCH 方法只会更新原有资源中的部分信息。例如，当遇到由多个值组成的高达 1MB 的数据时，如果只想要更新其中一部分信息，使用 PUT 方法就会在每次更新时发送 1MB 的数据，效率低下。如果使用 PATCH 方法，则只需要发送其中待更新的那一部分数据就可以。

## 4.2　BIM 应用开发方法

提到 BIM 应用开发方法，就不得不介绍相关的软件和工具。在建筑全生命周期中，BIM 软件主要以这三类功能出现，BIM 建模工具软件、计算分析软件和基于 BIM 开发的系统，其应用的阶段也大概分布在建筑的设计、施工和运维阶段。

在 BIM 建模过程中，应用的建模软件种类众多，分别用于不同专业的设计工作。如 SketchUp、Rhino、3DS Max、Form-Z 等软件一般用于建筑的可行性分析与概念设计。如 AutoCAD Architecture、Bentley Architecture、Revit Architecture、ArchiCAD 等软件一般用于设计过程中的建筑建模。如 AutoCAD Structure、Bentley Structure、Revit Structure 等软件一般用于建筑的结构建模。如 AutoCAD MEP、Revit MEP、MagiCAD 等，一般应用于建筑水暖电设备的建模。

在建筑数据的计算分析中可以使用的软件众多，每一款软件通常可以对建筑进行多项分析，其中包括的软件有 Ecotect、IES VE-Ware、Energy Plus、NavisWorks、Solibri 等。其中 Ecotect 是一款可持续建筑设计及分析工具，主要用于建筑的能耗分析、照明分析、结构分析等。IES VE-Ware 是一款 IES 提供的建筑能耗和碳排放分析插件，可以对建筑模型进行能耗分析、照明分析等，也可以作为插件在 SketchUp 或 Revit 界面直接进行设计、计算和数据的导出。Energy Plus 是由美国能源部（Department of Energy，DOE）和劳伦斯·伯克利国家实验室（Lawrence Berkeley National Laboratory，LBNL）共同开发的一款建筑能耗模拟分析软件，是较为流行的一款免费软件，可以用来对建筑的供暖、制冷、照明、通风以及其他能源消耗进行全面能耗模拟分析和经济分析。Navisworks 是 Autodesk 开发的一款软件，它能够将 Revit 等软件创建的模型与来自其他设计工具的数据信息相结合，将其作为整体的三维项目。用户可以在 Navisworks 上同时审阅多种格式的文件，而且无需考虑文件的大小，同时，Navisworks 软件可以进行建筑模型的碰撞检测、4D 模拟等工作。

面向建筑运维阶段开发的 BIM 软件主要包括 P3、Synchro、Vico LBS Manager、ARCHIBUS、Bentley FM 等。P3 软件全称为 Primavera Project Planner，P3 是世界上先进的项目计划管理软件，代表了现代项目管理方法和计算机最新技术。P3 可以为大型研发/制造企业、大型设计院、大型连续运行装置、投资企业等提供项目管理的服务。ARCHIBUS 软件是由 ARCHIBUS 开发的，它是一个关于不动产及设施管理的全面解决方案。ARCHIBUS 包括了资产设施管理相关的内容，提供了完整配套的集成软件产品，能有效地管理不动产、设施、设备、基础建设等有形资产，是全球最强大的被广泛使用的 TIFM（Total Infrastructure And Facility Management）系统。

这些 BIM 软件在建筑的全生命周期中都发挥着其强大的作用。但是这些软件的功能都是一成不变的，它们不会随着项目需求的改变而改变。当项目有着众多独特的需求时，已有的这些软件也许不能满足这些需求，或者只能满足其部分需求，这时就需要一款能满足这个项目所有需求的软件或平台。我们既可以在已有的软件或平台上进行开发，增添新的功能，以满足新项目的需求，也可以专门为这个项目设计开发一款软件或一个平台。

本节从软件形式、平台形式、插件形式等方面介绍 BIM 应用开发方法。

### 4.2.1 利用软件插件进行数据交互

插件是一种遵循一定规范的应用程序接口编写出来的程序，它可以是对软件功能进行补充的一种方式，也可以是软件某些功能的集成。插件只能运行在程序规定的软件或平台中（可能同时支持多个平台），而不能脱离指定的软件或平台单独运行，因为插件需要调用原系统提供的函数库或者数据。插件的存在使得软件的功能变得强大，使相关从业者的效率大大提升，如图 4-9 所示。

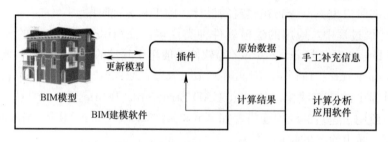

图 4-9　软件插件进行数据交互

通俗来说，软件插件就是通过在软件的基础上进行二次开发，用来协助软件更好地完成工作的程序。以 Autodesk 的 Revit 为例，Revit 作为一款推行非常成功的建模软件，它现在已经不只是一款软件，更是一个平台，除了可以为建筑行业提供三维建模的功能，还可以供一些公司在软件上进行二次开发，为建筑行业开发出能提供新功能的插件。目前，国内外相关公司在 Revit 上开发出的插件数量极多，其涉及的功能也非常全面，有为设计师提供族库的插件，也有能够自动识别 CAD 文件中的建筑、结构等信息进行自动建模的插件，也有在 Revit 和其他软件之间搭建桥梁的插件，还有协助用户进行计算分析的插件等。

例如，Dynamo 是一款开源的可视化编程软件，可以在 Revit2014 版本之后的平台中作为插件使用。"Revit＋Dynamo"的模式是 Autodesk 平台解决异形建筑的一次飞跃性进步，将计算机语言编程门槛降低并引入工程师的世界，它可以完成异形构件的数据计算、整理并生成空间上异形的三维信息模型，使 BIM 设计师能更好地完成建筑设计工作。同时，程序建模、程序数据交互可以满足 BIM 工程师的模型异构需求。"Revit＋Dynamo"模式在桥隧项目中，有非常灵活的方式，结合专业知识可以高自由度、高效地完成建模作业。首次完成参数族库的创建后，再面临同样类型的桥隧项目时，可以快速地完成建模作业，短短 1～2min 内可能就完成一座桥梁或是隧道等的高精度模型创建。

Ideate BIMLink 也是 Revit 一款插件，可以让用户快速轻松地访问和编辑 BIM 数据，为用户节省数小时甚至数周的时间。Ideate BIMLink 帮助 BIM 经理、项目负责人、设施经理和用户分析、提取和编辑重要的 BIM 数据。通过 Ideate BIMLink，用户可以从 Revit 文件（建筑、结构和 MEP）中快速、轻松、准确地提取和生成含有大量建筑信息的 Excel 表。Ideate BIMLink 支持的功能包括：编辑数据；从现有 Excel 文件中创建未放置的房间、未放置的空间、未放置的区域等；也可以重新命名所有自定义家族和类型，以符合项目标准管理，从而达到简化生产并减少项目交付过程中错误的目的。

其他的平台和软件的插件也是众多的，不同软件的不同插件可以实现的功能也不相同，但它们都有一个共同的作用——协助工程师更好地完成工作。

### 4.2.2　利用标准格式进行数据交互

BIM 技术发展至今，出现过各种不同的行业标准与 BIM 模型的标准格式，在 BIM 的二次开发中，可以利用这些标准格式进行数据交互。如图 4-10 所示，用户在利用标准格式进行数据交互时，需要通过建模软件建立 BIM 模型。再导出相关的标准格式，如 IFC、gbXML 等，再手工补充项目相关信息，最后可以利用软件进行计算分析，从而得到建筑的数据分析结果，如成本、能耗、照明等分析结果。

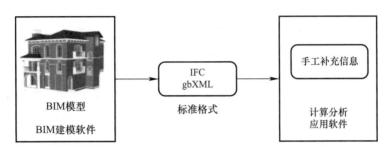

图 4-10　利用标准格式进行数据交互

目前比较常见的用来作为数据交互的标准格式有 IFC 和 gbXML，IFC 标准我们在之前已经提到了。gbXML 是建筑模型的一种格式，它的开发旨在促进建筑信息在各个 BIM 软件之间的传输与交互，从而使不同的建筑设计和工程分析软件工具之间具有互操作性。它的存在是为了帮助建筑师、工程师和能源建模师等设计出更节能的建筑物。

如今，gbXML 得到了业界广泛的支持，并被行业领先的 BIM 供应商所采用，包括 Autodesk、Trimble、Graphisoft 和 Bentley。随着 50 多种工程和分析建模工具对 gbXML 的支持，gbXML 已成为建筑的行业标准架构。它的使用极大地简化了建筑信息与建筑模型和工程模型之间的传递，减少了在这一过程中使用的时间。

利用标准格式进行数据交互的方式优势很明显，它可以使建筑模型和建筑数据在遵循这个标准的软件和平台之间自由传输，省略了模型格式转换的步骤，避免了建筑模型在转换格式时的数据丢失问题，为相关从业人员节省了大量的时间和精力。

### 4.2.3　利用纯三维模型数据进行交互

利用纯三维模型进行数据交互的方式与利用标准格式进行数据交互的方式类似，都是从 BIM 建模软件导出相关的模型格式，再利用外部的软件进行计算分析。标准格式的模型文件中带有更多的信息，而纯三维模型中一般只包含建筑模型的几何、材质信息，缺少构件的属性等信息，如图 4-11 所示。

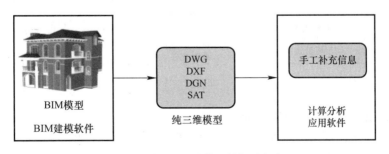

图 4-11　利用纯三维模型数据进行交互

BIM 领域中，BIM 供应商开发的纯三维模型格式种类众多，其中包括的三维模型格式有：受到了广泛支持的 DWG、DXF 格式，Bentley 公司和 Intergraph 公司所支持的 DGN 格式，以及 SAT 等纯三维模型格式。这种方式的优势与利用标准格式进行数据交互的优势类似，但是如果计算分析过程需要构件的属性等信息，则只能手工补充或者从外部导入。

### 4.2.4 利用数据文件和数据库等多种形式进行数据交互

如果利用数据文件和数据库等多种形式进行数据交互，首先需要通过 BIM 建模软件建立 BIM 模型，并导出相应格式的数据文件，再将数据文件导入应用管理软件进行数据分析计算，最后将数据文件和分析结果等信息存入数据库。该方式不仅有前两种方式的特点，而且可以将 BIM 数据文件中提取出的信息和通过应用管理软件计算分析出的数据保存下来，在必要的时候可以将这些数据重新提取出来再利用，也可以在数据库中把这些数据进行关联，使相关从业人员知道数据之间的关联性，并协助他们进行分析决策，如图4-12所示。

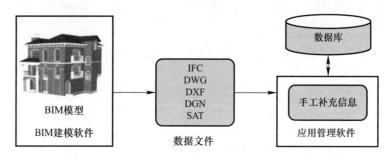

图 4-12　利用数据文件和数据库等多种形式进行数据交互

### 4.2.5 综合插件、数据文件和数据库等多种形式进行数据交互

综合插件、数据文件和数据库等多种形式进行数据交互综合了前四种方式的优势，它通过插件更新模型，利用标准格式的数据文件进行数据交互，利用应用管理软件进行数据的计算分析，还利用数据库存储、关联相关数据。这样的开发方式显然优势众多，但是它的复杂性也是最大的，对开发者的挑战也是最大的，其中需要了解的知识包括 BIM 建模相关知识、数据文件的解读方法和插件、应用管理软件和数据库的使用方法等，可以说它是一种挑战与收获都很高的开发方式，如图 4-13 所示。

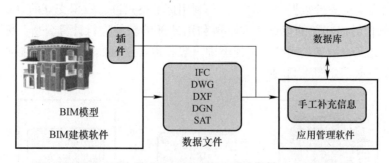

图 4-13　综合插件、数据文件和数据库等多种形式进行数据交互

### 4.2.6 利用第三方平台进行数据交互

如图 4-14 所示，利用第三方数据平台进行数据交互的方式和之前提到的几种方式是完全不同的。主要体现在 BIM 第三方的数据平台可以提供数据存储、数据分析、数据服

务等功能，第三方平台还可以与分析计算工具、应用管理软件进行数据交互，而用户只需要上传平台所支持的格式文件即可。这样的平台往往功能强大，也更加开放，会更加支持鼓励用户进行二次开发。

例如，Autodesk 的 Forge 云平台、ProBIM 的 BIMe、广联达的 BIMFACE、盈嘉互联的 BOS 和小红砖、毕埃慕的 BDIP 等。这些平台一般有三维模型的上传与解析，模型在线查看，模型渲染，模型格式转换等功能，这些平台除了有官方推出的固定的功能，而且都支持用户在平台进行二次开发，构造出适应项目需求的新功能。在后面几章将以小红砖平台为例，介绍多个功能开发的详细过程。

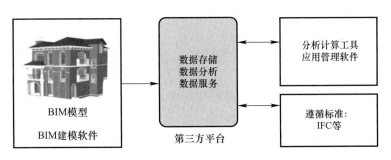

图 4-14　利用第三方平台进行数据交互

上述六种 BIM 二次开发的方式，适用的领域不一样，各有其优缺点，用户可以根据实际的项目需求选择最合适的方式进行开发。

# 习　　题

1. 面向对象程序设计与结构化程序设计的区别是什么?
2. 什么是 HTTP 方法?
3. 请简述 BIM 二次开发方法中每种方法的数据交互方式。

# 第5章 BIM 可视化及其应用开发

本章从 BIM 可视化的基础内容出发，全面介绍可视化包含的基础数据与知识等概念，对常用功能以及实现的核心逻辑作出讲解说明。通过本章节的介绍，旨在帮助读者初步了解 BIM 可视化，为后续的可视化开发打下坚实的基础。

## 5.1 BIM 几何描述

在 BIM 可视化领域中，普遍采用两种几何描述方式，一种是参数描述，另一种是顶点描述。以下介绍两者的优劣势与使用场景：

由于参数化是建筑信息模型的特点之一，因此参数描述相比顶点描述含有更加丰富的语义。在描述相同的信息时，参数描述需要的空间远小于顶点描述。但是由于在 BIM 模型渲染过程中，图形处理器只接受顶点描述的数据而无法处理参数描述的数据，需要将参数描述数据转换成顶点描述数据后再进行处理，因此增加了处理时长。

对于模型内容过于复杂的可视化过程，采用参数描述会消耗大量的处理时长，而且会出现无法完全描述的情况，这时推荐使用顶点描述。IFC 标准中也采用参数描述进行 BIM 可视化。当参数化方式无法进行描述时，推荐使用顶点描述。

### 5.1.1 IFC 标准中几何描述的参数描述方法

下面来具体讲解一下 IFC 标准中 BIM 几何描述的参数描述方式。基础几何实体为点（IfcPoint）和方向（IfcDirection），以这两者为基本要素通过组合与变换操作转化形成各种复杂的几何实体。为了实现几何信息表达，IFC 标准的资源层定义了几何资源（IfcGeometryResource）、拓扑资源（IfcTopologyResource）、几何模型资源（IfcGeometricModelResource）、几何约束资源（IfcGeometricConstraintResource）、轮廓资源（IfcProfileResource）和表达资源（IfcRepresentationResource）等 6 项资源模式。具体内容定义如下：

几何资源：定义几何表达的基本元素，包括坐标点、方向、矢量、参数曲线、参数曲面、坐标转换等。

拓扑资源：定义拓扑表达的拓扑元素，用于边界和几何形状的表达。包括顶点、边、面、路径、环和壳等。

几何模型资源：定义用于几何表达的模型元素，用于产品模型的几何形状表达。包括构造实体几何模型（CSG）、扫掠实体（SweptSolid）、边界表达模型（Brep）、半空间实体、表面模型等。

几何约束资源：定义用于决定在几何表达环境中的位置信息，包括绝对坐标、相对坐标、几何连接等。

轮廓资源：定义几何表达中的二维轮廓信息，包括曲线轮廓、参数化轮廓等。

表达资源：定义产品的形状或拓扑表达信息。其中形状表达信息可以用产品同一定义形状的多次形状表示或用外形产品部件组合的形状表示。

IFC 标准定义了全面的几何模型类型用于建筑信息模型中几何形状信息的数据描述，在具体实施过程中，对于实体对象的形状表达主要使用边界表达模型（Brep）、扫掠实体模型（SweptSolid）和构造实体几何模型（CSG）三种实体模型。

边界表达模型（Brep）的数据描述包含基本点、环、面的几何信息和表示邻接关系和连通性的拓扑信息。该实体模型提供基于面集合的几何表示，每个面的边界通过多边环表示，每个多边环由点与点的拓扑连接形成。组成模型的所有面都需要确定法向，模型上各点的法向与所在面的法向保持一致。该实体模型能够支持任何一个建筑信息模型中实体形状的几何描述，图 5-1 为边界表达模型定义的 EXPRESS-G 图示。IFC 标准规定的边界表达模型仅支持多边形边界，曲线边界需要采用近似方法。在封闭的模型中，所有多边形的边被两个相邻面共有。为了确定模型的闭合性，且两个边被引用两次，两相邻面必有两顶点坐标是相同的，在实模型中体现为两个多边形邻边共享相同的点坐标。

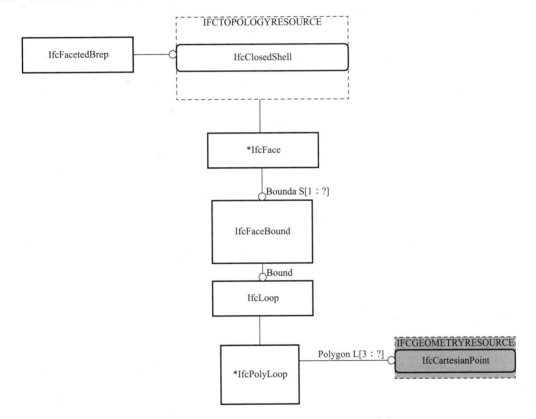

图 5-1　边界表达模型定义的 EXPRESS-G 图示

图 5-2 为采用边界表达模型进行几何信息定义的实例，可见该实例为包含 9 个边界面的实体模型。图 5-3 为实例对应的 STEP 文本描述。其中语句♯1 以建筑构件代理（IfcBuildingElementProxy）类型定义了该实例对象。语句中包含了该空间实体的 GUID、归属历史、名称、描述、对象类型、位置、几何等全面的属性信息，其中"＄"表示该参数为空。"♯xxx"表示该属性为导出属性，具体内容由所引用的实体来表述。语句♯3 通过定义 IFCLocalPlacement 来描述实例对象♯1 的位置信息，进一步的位置属性信息由语句♯10 表示。

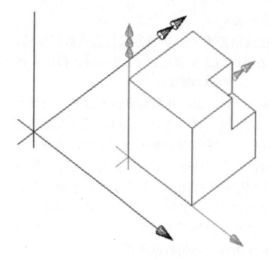

图 5-2　边界表达模型实例

语句♯4 通过定义 IFCProductDefinitionShap 来描述实例对象♯1 的几何信息，进一步由语句♯11 通过采用边界表达模型来表示实例对象的几何信息。语句♯132、♯133 直到♯145 通过定义 IfcCartesianPoint 声明了组成该实例对象模型用到的 14 个点。语句♯146、♯148 直到♯169 通过定义 IfcPolyLoop 声明了构成面的 9 个多边形，进而由语句♯148、♯151 直到♯172 通过定义 IfcFace 声明了构成边界表达模型的 9 个面，最终由语句♯174 通过定义 IfcFacetedBrep 声明了描述实例对象几何信息的边界表达模型。

边界表达模型的优点在于有较多的点、线、面及其相互之间的拓扑关系信息。有利于线框、投影图等绘制和生成，有利于计算几何特性和图形显示，在数据处理的过程中，该实体模型起到了模型中转的作用，具体方法见第 3 章。其局限性在于几何整体描述能力较差，由于它的核心信息是多边形面，难以描述几何实体生成的过程信息，不能记录组成几何实体的基本元素。

```
#1=IFCBUILDINGELEMENTPROXY('abcdefghijklmnopqrst02', #2, 'Box', $, $, #3, #4, $,$);
#2=IFCOWNERHISTORY(#6, #7, .READWRITE., .NOCHANGE., $, $, $, 978921854);
/* UoF local absolute placement */
#3=IFCLOCALPLACEMENT($, #10);
#10=IFCAXIS2PLACEMENT3D(#16, $, $);
#16=IFCCARTESIANPOINT((2.0, 1.0, 0.0));
/* UoF representation context */
#12=IFCGEOMETRICREPRESENTATIONCONTEXT($, $, 3, 1.0E-06, #14, $);
#14=IFCAXIS2PLACEMENT3D(#15, $, $);
#15=IFCCARTESIANPOINT((0.0, 0.0, 0.0));
/* brep model representation for the duct */
#4=IFCPRODUCTDEFINITIONSHAPE($, $, (#11));
#11=IFCSHAPEREPRESENTATION(#12, '', 'Brep', (#174));
#174=IFCFACETEDBREP(#173);
#173=IFCCLOSEDSHELL((#148,#151,#154,#157,#160,#163,#166,#169,#172));
#132=IFCCARTESIANPOINT((0.25,0.25,1.5));
#133=IFCCARTESIANPOINT((1.,0.25,1.5));
#134=IFCCARTESIANPOINT((1.,1.,1.5));
#135=IFCCARTESIANPOINT((0.25,1.,1.5));
#145=IFCCARTESIANPOINT((-1.,1.,2.5));
#146=IFCPOLYLOOP((#138,#136,#132,#135));
#147=IFCFACEOUTERBOUND(#146,.T.);
#148=IFCFACE((#147));
#149=IFCPOLYLOOP((#136,#137,#133,#132));
#150=IFCFACEOUTERBOUND(#149,.T.);
#151=IFCFACE((#150));
#152=IFCPOLYLOOP((#132,#133,#134,#135));
#153=IFCFACEOUTERBOUND(#152,.T.);
#154=IFCFACE((#153));
#155=IFCPOLYLOOP((#137,#136,#138,#145,#143,#144));
#156=IFCFACEOUTERBOUND(#155,.T.);
#157=IFCFACE((#156));
#170=IFCPOLYLOOP((#140,#139,#142,#141));
#171=IFCFACEOUTERBOUND(#170,.T.);
#172=IFCFACE((#171));
```

图 5-3　边界表达模型实例的 STEP 文本描述

扫掠实体模型通过二维轮廓面扫掠来描述几何形状，多采用线性拉伸平面的扫掠操作定义实体，由方向矢量确定拉伸的方向，由距离深度（Depth）确定拉伸的距离长度。

图 5-4 为扫掠实体模型定义的 EXPRESS-G 图示。扫掠实体模型的位置取决于扫掠区域的坐标位置，即其二维轮廓面的坐标参数，该轮廓面可以存在开孔，在拉伸过程中将被扫掠生成开洞形状。

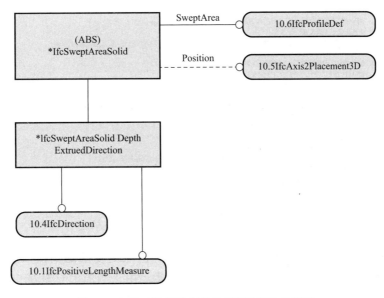

图 5-4　扫掠实体模型定义的 EXPRESS-G 图示

　　图 5-5 为采用扫掠实体模型进行几何信息定义的实例，可见该实例为立方体形状的实体模型。图 5-6 为实例对应的 STEP 文本描述。其中语句♯1 以建筑构件代理（IfcBuildingEle-mentProxy）类型定义了该实例对象。语句♯3 通过定义 IFCLocalPlacement 来描述实例对象♯1 的位置信息，进一步的位置属性信息由语句♯511 和♯1002 表示。语句♯4 通过定义 IF-CProductDefinitionShap 来描述实例对象♯1 的几何信息，进一步由语句♯1020 通过采用扫掠实体模型来表示实例对象的几何信息。语句♯1021 通过定义 IfcExtrudedAreaSolid 声明了该扫掠实体模型拉伸的距离深度。语句♯1022 通过定义 IfcRectangleProfileDef 声明了扫掠实体模型的拉伸轮廓，语句♯1034 通过定义 IfcDirection 声明了拉伸的方向。从而完成了实例对象扫掠实体模型的几何信息描述。

　　扫掠实体模型的优点在于实体模型生成速度快，操作简洁，而且可以记录实体形成的原始特征参数及过程信息，当需要修改实体形状时可以方便地通过修改参数实现。而且可以方便地转换成边界表达模型。其局限在于信息简单，该数据结构难以存储实体最终的顶点、边界等详细几何信息。由于扫掠

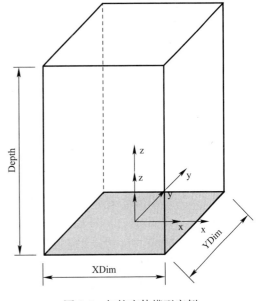

图 5-5　扫掠实体模型实例

实体模型表示几何类型和操作种类的限制，使得在表示复杂几何形状有一定局限性，且显示结果形状时需要一定的计算时间，故在数据处理的过程中，首先将该类实体模型转化为边界表达模型，再进一步进行网格化处理。

```
#1=IFCBUILDINGELEMENTPROXY('abcdefghijklmnopqrst02',$,'P-
1',sweptsolid',$,#3,#4,$,$);
#2=IFCOWNERHISTORY(#6, #7, .READWRITE., .NOCHANGE., $, $, $, 978921854);
/* UoF local absolute placement */
#3= IFCLOCALPLACEMENT(#511,#1002);
#511= IFCLOCALPLACEMENT($, #512);
#1002= IFCAXIS2PLACEMENT3D(#1003,$,$);
/* UoF representation context */
#12=IFCGEOMETRICREPRESENTATIONCONTEXT($, $, 3, 1.0E-06, #14, $);
#14=IFCAXIS2PLACEMENT3D(#15, $, $);
#15=IFCCARTESIANPOINT((0.0, 0.0, 0.0));
/*   representation for the sweptSolid */
#4=IFCPRODUCTDEFINITIONSHAPE($,$,(#1020));
#1020= IFCSHAPEREPRESENTATION(#202,'Body','SweptSolid',(#1021));
#1021= IFCEXTRUDEDAREASOLID(#1022,$,#1034,2000.);
#1022= IFCRECTANGLEPROFILEDEF(.AREA.,'1m x 1m rectangle',$,1000.,1000.);
#1034= IFCDIRECTION((0.,0.,1.));
```

图 5-6　扫掠实体模型实例的 STEP 文本描述

构造实体几何模型通过基本实体的布尔运算构造出更复杂的实体来描述几何形状，图 5-7 为构造实体几何模型定义的 EXPRESS-G 图示。由于当前 IFC 标准中并没有预定义基本实体，用来进行布尔运算的基本实体为扫掠实体模型，其布尔运算类型仅限于排除（DIFFERENCE），主要是扫掠实体模型和半空间实体的裁切，也就是先进行扫掠实体构造，然后通过半空间实体与之进行布尔裁切运算。

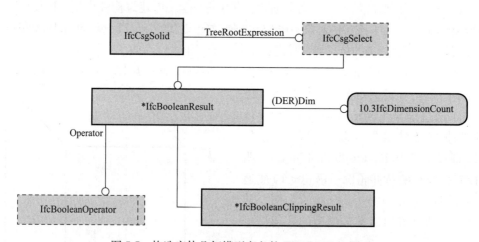

图 5-7　构造实体几何模型定义的 EXPRESS-G 图示

图 5-8 为采用构造实体几何模型进行几何信息定义的实例，该实例为一面墙的实体模型。图 5-9 为实例对应的 STEP 文本描述。其中语句♯1 以 IfcWallStandardCase 类型定义了标准墙实例对象。语句♯3 通过定义 IFCLocalPlacement 来描述实例对象♯1 的位置信息，进一步的位置属性信息由语句♯10 表示。语句♯4 通过定义 IFCProductDefinitionS-hap 来描述实例对象♯1 的几何信息，进一步由语句♯13 采用构造实体几何模型来表示实例对象的几何信息，语句♯50 通过定义 IfcBooleanResult 声明了该构造实体几何模型为两

个基本实体的布尔运算结果，语句♯22和♯51分别定义了进行排除布尔运算的两个基本实体，从而完成了实例对象构造实体几何模型的几何信息描述。

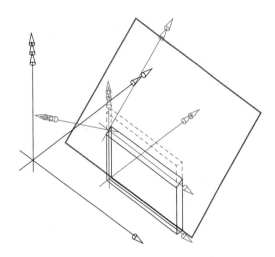

构造实体几何模型与扫掠实体模型优点类似，在于实体模型生成速度快，操作简洁，可记录实体形成的原始特征参数及过程信息，当需要修改实体形状时可以方便地通过修改体素参数或附加体素进行布尔操作。也可以方便地转换成边界表达模型。其局限在于由于构造实体几何模型的基本体素和操作种类限制，使得表示复杂几何形状有一定局限性，而且几何体的倒角等局部操作较难实现，显

图 5-8　构造实体几何模型实例

示模型结果形状时需要一定的计算时间。故在数据处理的过程中，首先将该类实体模型转化为边界表达模型，再进一步进行网格化处理。

```
#1=IFCWALLSTANDARDCASE('abcdefghijklmnopqrst01', #2, $, $, #3,
#4, $);
#3=IFCLOCALPLACEMENT($, #10);
#4=IFCPRODUCTDEFINITIONSHAPE($, $, (#11, #13));
#10=IFCAXIS2PLACEMENT3D(#16, $, $);
#16=IFCCARTESIANPOINT((2.0E+00, 1.0E+00, 0.0E+00));
#12=IFCGEOMETRICREPRESENTATIONCONTEXT($, $, 3, $, #14, $);
#14=IFCAXIS2PLACEMENT3D(#15, $, $);
#15=IFCCARTESIANPOINT((0.0E+00, 0.0E+00, 0.0E+00));
/* shape representation of the wall axis */
#11=IFCSHAPEREPRESENTATION(#12, 'Axis', 'Curve2D', (#18));
#18=IFCTRIMMEDCURVE(#19,(#20),(#21),.T.,.CARTESIAN.);
#19=IFCLINE(#30, #31);
#30=IFCCARTESIANPOINT((0.0E+00, 0.0E+00));
#31=IFCVECTOR(#32,2.8E+00);
#32=IFCDIRECTION((1.0E+00, 0.0E+00));
#20=IFCCARTESIANPOINT((0.0E+00, 0.0E+00));
#21=IFCCARTESIANPOINT((2.80E+00, 0.0E+00));
/* shape representation of the clipped body */
#13=IFCSHAPEREPRESENTATION(#12, 'Body', 'Clipping', (#50));
#50=IFCBOOLEANCLIPPINGRESULT(.DIFFERENCE., #22, #51);
/* geometric representation of the extruded solid */
#22=IFCEXTRUDEDAREASOLID(#23, #26, #29, 2.80E+00);
#26=IFCAXIS2PLACEMENT3D(#28, $, $);
#28=IFCCARTESIANPOINT((0.0E+00, 0.0E+00, 0.0E+00));
#29=IFCDIRECTION((0.0E+00, 0.0E+00, 1.0E+00));
#23=IFCARBITRARYCLOSEDPROFILEDEF(.AREA., $, #40);
#40=IFCPOLYLINE((#41,#42,#43,#44,#41));
#41=IFCCARTESIANPOINT((0.0E+00, 1.0E-01));
#42=IFCCARTESIANPOINT((2.8E+00, 1.0E-01));
#43=IFCCARTESIANPOINT((2.8E+00, -1.0E-01));
#44=IFCCARTESIANPOINT((0.0E+00, -1.0E-01));
/* geometric representation of the clipping plane */
#51=IFCHALFSPACESOLID(#52, .F.);
#52=IFCPLANE(#53);
#53=IFCAXIS2PLACEMENT3D(#54, #55, #56);
#54=IFCCARTESIANPOINT((0.0E+00, 0.0E+00, 2.0E+00));
#55=IFCDIRECTION((0.0E+00, -0.7070106E+00, 0.7070106E+00));
#56=IFCDIRECTION((1.0E+00, 0.0E+00, 0.0E+00));
```

图 5-9　构造实体几何模型实例的 STEP 文本描述

如图 5-10 所示，模型数据中节选出一面墙的 IFC 文件内容，从中可以看出，IFC 文件在描述该墙体的几何信息时采用了扫掠实体（SweptSolid）描述方法，如前面部分介

绍，这种描述方法通过语句＃25定义拉伸方向，语句＃136定义墙体的截面以及拉伸距离完成几何信息描述。

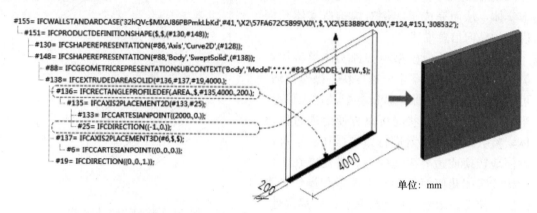

图 5-10　BIM 模型中某面墙的 IFC 文件内容

### 5.1.2　图形处理器中几何描述的顶点描述方式

因为图形处理器中直接使用的是顶点描述的数据，因此接下来重点介绍顶点描述的几何体数据。几何体数据主要由顶点、索引、颜色、法线以及纹理坐标组成。

#### 1. 顶点

顶点是图形处理器中可以直接使用的数据，也是最基础的数据。多个顶点组成顶点数据集，用来描述三维可视化系统中物体形状的属性，例如物体的外形、位置等信息。

如图 5-11 所示，A、B、C 都是立方体的顶点。每一个顶点代表一个三维空间坐标点，三维空间坐标点由三个数值组成。例如：A 顶点的坐标为 [1.0，0，0]。从左到右分别表示点在空间中的 x 轴坐标、y 轴坐标和 z 轴坐标，即顶点 A 的 x 轴坐标是 1.0，y 轴坐标是 0，z 轴坐标也是 0。

#### 2. 索引

索引是一个数据集合，用来将顶点按照一定顺序进行连接，而顶点之间按照索引相互连接来构成图形。同时连接的方式有多种，例如：点、线段、连续线段、三角形、三角带、三角扇、四角面等，如图 5-12、图 5-13 所示。

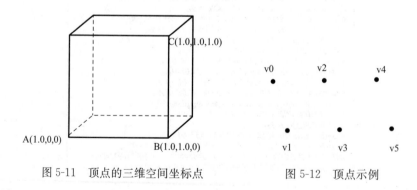

图 5-11　顶点的三维空间坐标点　　　　图 5-12　顶点示例

#### 3. 颜色

几何的三维呈现，除了形状之外，还有物体的色彩表示，也就是颜色。当有了颜色之后，可视化系统才可以将物体绘制出来。

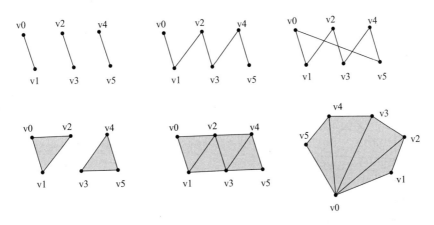

图 5-13　顶点间的连接方式

颜色的表示有多种方式，包括十六进制、Web 标准中的 0～255 数值（rgb）以及 0～1 值域等。十六进制表示颜色时，前面两位表示红色的值，中间两位表示绿色的值，最后两位表示蓝色的值。例如红色可以表示为：♯ff0000；Web 标准中的 0～255 和 0～1 值域表示颜色时，三个数值中从左到右分别表示红色、绿色和蓝色。例如红色，Web 标准中的 0～255 数值为：rgb（255，0，0）；0～1 值域为：［1，0，0］。这些颜色格式可以相互转换，由 Web 标准格式中的数值除以 255 就可以得到 0～1 格式表示的颜色。

此外，在可视化系统中还有多种方式指定颜色，包括点着色、面着色、整体着色等。它们的定义如下（图 5-14）：

点着色：表示每个顶点都有一个自己的颜色。

面着色：表示每个面有一个自己的颜色。

整体着色：表示这个物体只用一个颜色绘制。

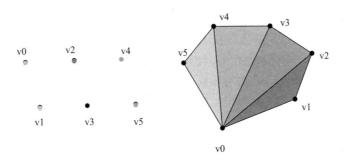

图 5-14　点着色和面着色

4. 法线

几何体通过形状、颜色的表示，在应用程序处理后，就可以以三维的方式展现在计算机上。此时会遇到一个问题：物体看起来不真实，没有层次感。要解决这个问题，需要用到光照。光照可以使场景更有层次感，可以建立更加逼真的三维场景。在现实中，当光线照射到物体上，会有两个现象：一是物体因为光源类型、光线方向的不同，在不同的表面表现不同的明暗程度；二是物体因为光源位置、光线方向等的不同，在其他物体上产生影子。根据光源类型和方向的不同，物体会产生阴影投射和明暗程度变化，使其具有立体感

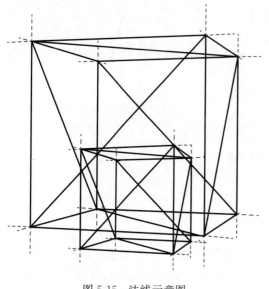

图 5-15　法线示意图

和层次感。因此光线的朝向需要用法线表示。法线表示一个三角面的正方向，如图 5-15 所示，虚线表示的就是法线。

为了在计算机中重建这一过程，我们需要考虑两件事情：一是发出光线的光源的类型，二是接受光线的物体表面如何反射光线。常用的光源类型包括以下三种：

（1）平行光：光线相互平行并具有方向，定义包含方向参数和颜色参数，可用来模拟自然中的太阳光。

（2）点光源光：从一个点向周围的所有方向发出的光，定义包含光源位置参数和颜色参数，可以用来模拟灯光和火焰。

（3）环境光：又称间接光，指经过光源发出的光线，被墙壁等物体多次反射，然后到达目标物体表面的光。定义包含光照强度。

物体表面反射光线的方式有以下两种：

（1）漫反射：漫反射是一种针对平行光和点光源的反射方式，反射光的颜色取决于入射光的颜色、物体表面颜色、入射光与物体表面形成的入射角，即入射光与物体表面的法线形成的夹角，如式（5-1）所示，该角度可以通过物体表面的法线和入射光方向计算得出。

$$\cos\theta = \vec{n} \cdot \vec{\alpha} \qquad (5\text{-}1)$$

（2）环境反射：环境反射是一种针对环境光的反射方式，反射光的方向可以认为就是入射光的反方向。

假设场景中平行光或者点光源光颜色为白光 $C_l = (1.0，1.0，1.0)$，方向为垂直入射，$\cos\theta$ 为 1.0，环境光颜色与强度为弱白光 $C_e = (0.5，0.5，0.5)$，物体表面的颜色为绿色 $C_f = (0.0，1.0，0.0)$，当物体表面同时形成漫反射和环境反射同时存在时，需要将两者进行叠加得到物体最终被渲染的颜色效果。

物体表面颜色会有以下三种效果：

（1）漫反射光颜色

$$
\begin{aligned}
C_m &= C_l \times C_f \times \cos\theta \\
&= (1.0 \times 0.0 \times 1.0, 1.0 \times 1.0 \times 1.0, 1.0 \times 0.0 \times 1.0) \\
&= (0.0, 1.0, 0.0)
\end{aligned}
\qquad (5\text{-}2)
$$

（2）环境反射光颜色

$$C_h = C_e \times C_f = (1.0 \times 0.5, 1.0 \times 0.5, 1.0 \times 0.5) = (0.5, 0.5, 0.5) \qquad (5\text{-}3)$$

（3）叠加颜色

$$C_{ad} = C_m \times C_h = (0.0 + 0.5, 1.0 + 0.5, 0.0 + 0.5) = (0.5, 1.5, 0.5) \qquad (5\text{-}4)$$

上面提到的"入射角度"，即入射角，在程序中必须根据入射光的方向和物体表面的朝向（法线方法）来计算。在创建三维模型的时候，我们无法预先确定光线将以怎样的角度照射到每个面上。但是，我们可以确定每个表面的朝向。有了面的朝向，就可以在指定光源的时候确定光照的方向，从而通过这两项信息来计算出入射角。因此法线需要作为已知的信息输入。

法线在表示时，需要归一化（向量长度为1），这是为了能够正确计算出反射光的强度。如果不归一化，就会出现颜色过亮或过暗的问题。

法线作为图形处理器可以直接处理的数据，一般和顶点的数量一致，即每个顶点都有一个法线表示朝向。如果建模时不能提供每个顶点的法线，可以根据顶点组成的三角面来计算获得。在空间中垂直于三角面的法线会有两个，一个是正面，一个是背面。这时可以通过顶点出现的顺序确定三角面的正方向，从而获取到唯一的法线。

5. 纹理坐标

通俗来讲，纹理坐标用来描述二维的图像如何附着在三维的物体上。

纹理实际上是一个二维数组，它的元素是一些颜色值。单个颜色值被称为纹理像素或纹理元素。每个纹理像素在纹理中都有一个唯一的地址，这个地址由一个行和列组成，分别用 U，V 表示。

纹理中的每一个纹理像素可以通过它的坐标来声明。对于所有纹理的所有纹理像素，要求有一个统一的地址范围。这个范围可以是 0.0～1.0，包含 0.0 和 1.0，用 U，V 标识。纹理坐标位于纹理空间中，也就是说，它和纹理的（0，0）位置相对应。

程序可以将纹理坐标分配给顶点坐标，这一能力可以使我们知道将纹理的哪一部分映射到空间对象中。有时一个顶点的纹理坐标可能比 1.0 大，当分配给顶点的纹理坐标不在 0.0 到 1.0 范围内时，就要设置纹理寻址模式。不同的模式可以决定超出范围的纹理如何展示，例如重复显示、镜像显示等。

## 5.2　BIM Web 可视化基础

### 5.2.1　html5 与 javascript

JavaScript 是面向 Web 的编程语言，目前绝大多数的现代网站都使用了 JavaScript。描述网页内容的 HTML 语言、描述网页样式的 CSS 语言以及描述网页行为的 JavaScript 是一个网页中最重要的三种语言。HTML、Javascript 和 CSS 包含非常多的内容，鉴于本书篇幅，只介绍 HTML 中的 Canvas 标签和 JavaScript 的核心内容。如果读者想了解更为详细的知识，可以参考其他专门的书籍和网站。

1. Canvas

HTML5 是在 2008 年正式发布的 Web 中核心语言 HTML 的规范，是现在互联网的核心技术之一。<canvas>标签在 HTML5 中被引入。在此之前，如果想在网页中显示图像，就只能使用 HTML 中提供的<img>标签。而<img>标签只能显示静态的内容，不能进行实时绘制和渲染。

<canvas>标签的引入使一切变为可能，它的中文译名为"画布"，有了<canvas>标签，就可以在网页上定义一块画布，使用 JavaScript 作为画笔绘制任何想要绘制的东西。

由于<canvas>元素标签可以灵活地同时支持二维图形和三维图形，所以大多数 Canvas 绘图 API 都没有定义在<canvas>元素本身上，而是定义在通过画布的 getContext（）方法获得的一个"绘图环境"或者称为"上下文"对象上。getContext（）方法的参数指

定了上下文的类型，可选参数主要有两种，一个是"2d"，另一个是"webgl"；"2d"用来获取二维的绘图上下文环境，"webgl"用来获取三维的绘图上下文环境。

Canvas 2d API 和 svg 标签类似，也使用了路径的表示法。但是，路径由一系列的方法调用来定义，而不是描述为字母和数字的字符串，比如调用 beginPath（）和 arc（）方法。一旦定义了路径，其他的方法，如 fill（），都是对此路径操作。绘图环境的各种属性，比如 fillStyle，说明了这些操作如何使用。在最近的版本中，二维的绘图上下文环境支持 Path2D 对象，可以支持<svg>标签中的路径语法，直接生成对应的路径。

Canvas 对象的 height 属性：画布的高度。和一幅图像一样，这个属性可以指定为一个整数像素值或者是窗口高度的百分比。height 默认值是 150。当这个值改变的时候，在该画布上已经完成的任何绘图都会擦除掉。

Canvas 对象的 width 属性：画布的宽度。和一幅图像一样，这个属性可以指定为一个整数像素值或者是窗口宽度的百分比。width 默认值是 300。当这个值改变的时候，在该画布上已经完成的任何绘图都会擦除掉。

Canvas 对象的方法：getContext（），返回一个用于在画布上绘图的环境。

2. JavaScript

JavaScript（JS）是一种具有函数优先的轻量级、解释型或即时编译型的编程语言。虽然它是作为开发 Web 页面的脚本语言而出名的，但是它也被用到了很多非浏览器环境中，例如 Node.js、Apache CouchDB 和 Adobe Acrobat。JavaScript 是一种基于原型编程、多范式的动态脚本语言，并且支持面向对象、命令式和声明式（如函数式编程）风格。

JavaScript 的标准是 ECMAScript。截至 2012 年，所有的现代浏览器都完整地支持 ECMAScript 5.1，旧版本的浏览器至少支持 ECMAScript 3 标准。2015 年 6 月 17 日，ECMA 国际组织发布了 ECMAScript 的第六版，该版本正式名称为 ECMAScript 2015，但通常被称为 ECMAScript 6 或者 ES6。自此，ECMAScript 每年发布一次新标准。

JavaScript 脚本语言具有以下特点：

（1）脚本语言。JavaScript 是一种解释型的脚本语言。C、C++等语言先编译后执行，而 JavaScript 是在程序的运行过程中逐行进行解释。

（2）基于对象。JavaScript 是一种基于对象的脚本语言，它不仅可以创建对象，也能使用现有的对象。

（3）简单。JavaScript 语言中采用的是弱类型的变量类型，对使用的数据类型未做出严格的要求，是基于 Java 基本语句和控制的脚本语言，其设计简单紧凑。

（4）动态性。JavaScript 是一种采用事件驱动的脚本语言，它不需要经过 Web 服务器就可以对用户的输入做出响应。在访问一个网页时，鼠标在网页中进行鼠标点击或上下移动、窗口移动等操作，JavaScript 都可直接对这些事件给出相应的响应。

（5）跨平台性。JavaScript 脚本语言不依赖于操作系统，仅需要浏览器的支持。因此一个 JavaScript 脚本在编写后可以带到任意机器上使用，前提是机器上的浏览器支持 JavaScript 脚本语言。目前 JavaScript 已被大多数的浏览器所支持。

不同于 PHP 等服务器端脚本语言，JavaScript 主要被作为客户端脚本语言在用户的浏览器上运行，而不需要服务器的支持。所以在早期，程序员比较青睐于 JavaScript 以减少对服务器的负担。与此同时也带来另一个问题：安全性。随着服务器的发展，虽然程序员更喜欢运行于服务端的脚本以保证安全,但 JavaScript 仍然以其跨平台、容易上手等优势大行其道。同时,有些特殊功能(如 AJAX)必须依赖 Javascript 在客户端进行支持。随着引擎如 V8 和框架如 Node.js 的发展,事件驱动及异步 IO 等特性,JavaScript 逐渐被用来编写服务器端程序。

### 5.2.2  WebGL 基础

当前,OpenGL 与 Direct3D 为主流的三维图形技术,两者广泛应用于主流的硬件设备中提供三维渲染支持。后者为微软开发并应用在 Windows 平台中,其他平台并不适用,应用范围较为局限。OpenGL 以其良好的开放性被大多数硬件设备所支持。OpenGL 是一种应用程序编程接口(Application Programming Interface,API)。目前,OpenGL 4.5 是最新版本,包含了超过 500 个不同的命令,可以用于设置所需的队形、图像和操作,用以开发交互式的三维计算机图形应用程序。

OpenGl ES,这里的"ES"指的是"嵌入式子系统",是 OpenGl 的剪裁版本。在系统资源相对缺乏的嵌入式设备中使用,例如手机、平板电脑等设备。到目前为止,OpenGL ES 已经有了 4 种规范:OpenGL ES 1.0、OpenGL ES1.1、OpenGL ES2.0 和 OpenGL ES 3.0。其中 OpenGL ES 1.0 和 1.1 规范分别从 OpenGL 1.3 和 1.5 规范衍生而来,OpenGL ES 2.0 规范采用了可编程图形管线,从 OpenGL 2.0 规范衍生而来,OpenGL ES 3.0 从 OpenGL 3.3 规范衍生而来,带来了阴影贴图、体渲染、基于 GPU 的粒子动画、几何形状实例化、纹理压缩和伽马校正等技术功能。

WebGL 是一项在浏览器的网页上绘制、显示复杂三维图形并允许用户进行交互的技术。支持 WebGL 的浏览器不借助任何插件便可提供硬件图形加速,从而提供高质量的 3D 体验。相比其他浏览器中的三维技术来说,这是巨大的优势。WebGL 目前有两种规范,一个是 WebGL 1.0,基于 OpenGL ES 2.0 标准并使用 OpenGL 着色语言 GLSL,提供标准的 OpenGL API。另一个是 WebGL 2.0,基于 OpenGL ES 3.0 标准,并提供了实例渲染,MRT,UBO,3D 纹理等新特性。作为 OpenGL 的轻量型子集版本,它允许开发者在浏览器中直接嵌入支持硬件加速的互动 3D 图形。上文说过的 HTML5 中的<canvas>标签为 WebGL 提供绘制与渲染环境,只需要将所要实现的功能编写成 JavaScript 程序交给浏览器运行即可实现三维图形程序设计。结合 HTML5 和 JavaScript,程序可以运行于不同的硬件设备,例如台式电脑、平板电脑、手机或者智能电视等大多数设备。开发者可以充分利用浏览器跨平台的特性和接近原生的硬件性能,使用通用的 Web 技术完成三维图形程序的发布。

在 WebGL 中用于绘制模型的基本元素是三角形,前端程序通过调用并解析 JSON 对象获得绘制信息,这些绘制信息包括:指定在什么位置绘制三角形、如何绘制三角形、三角形的外观颜色和纹理等。然后将这些信息传递到 GPU 显存中,GPU 处理后将渲染结果显示到浏览器页面中。图 5-16 为 WebGL 应用的结构图。

WebGL 可以直接绘制的基本图形有 7

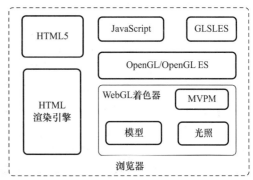

图 5-16  WebGL 应用的结构图

种，其他更加复杂的模型均由这些基本图形构成。如图 5-17 所示：

（1）gl. POINTS 表示空间中的点，绘制在 v0、v1、v2……处。

（2）gl. LINES 表示空间中的线段，这是一系列单独的线段，绘制在（v0，v1）、（v2，v3）……处。如果点的个数是奇数，那么最后一个点会被忽略。

（3）gl. LINE _ STRIP 表示一组连接的线段，绘制在（v0，v1）、（v1，v2）、（v2，v3）……处。第一个点是第一条线段的起点，第二个点是第一条线段的终点和第二条线段的起点……第 $i$（$i>1$）个点是第 $i-1$ 条线段的终点和第 $i$ 条线段的起点，以此类推，最后一个点是最后一条线段的终点。

（4）gl. LINE_LOOP 表示一组首尾相接的线段，和 gl. LINE_STRIP 相比，区别在于最后一个点会与第一个点连接。

（5）gl. TRIANGLES 表示空间中单独的三角形，绘制在（v0，v1，v2）……处。如果点的个数不是 3 的整数倍，那么最后的一个或两个点会被忽略。

（6）gl. TRIANGLE_STRIP 表示空间中形成带的三角形，前三个点构成了第一个三角形，从第二个点开始的三个点构成了第二个三角形，后一个三角形和前一个三角形共享一条边。

（7）gl. TRIANGLE_FAN 表示空间中形成扇形的三角形，前三个点构成了第一个三角形，接下来的一个点和前一个三角形的最后一条边组成接下来的一个三角形。

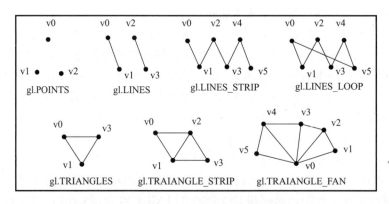

图 5-17　WebGL 基本图形预定义

在 WebGL 中，只能绘制三种图形：点、线段和三角形。不过，从简单的立方体到球形，再到更复杂的三维图形，都可以由细小的三角形组成。总之，我们可以从上边的基础图形绘制出任何东西。

经过几何数据处理，构件的几何信息均由三角网格模型表示，因此逐个绘制组成物体的每个三角形图元就可以绘制出整个三维物体。首先通过网络请求获取构件的几何数据，然后将构件的顶点坐标、索引、法线、纹理、颜色、转换矩阵等信息从几何数据中解析提取。

如图 5-18 所示，根据这些数据定义相应的顶点着色器程序，编译并传递给 GPU。GPU 根据获取到的顶点数据，逐个执行着色器程序，完成坐标的矩阵运算，生成相应的顶点坐标。顶点着色器应用投影矩阵将三维世界坐标转换成屏幕坐标。图元生成完毕后，将颜色、灯光等定义为相应的片元着色器程序，编译并传递给 GPU 进行片元着色。片元着色器对片元进行光栅化，根据深度判断需要渲染的片元并确定每个片元的颜色。

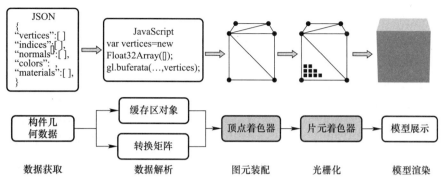

图 5-18　模型渲染流程图

## 5.3　BIM Web 可视化应用开发

### 5.3.1　BIM Web 可视化基本理论

实体模型描述方法在模型几何形状表达上具有很大优势，是 BIM 模型中构件对象几何信息的主要表达形式。BIM 对于构件对象的形状表达主要使用边界表达模型（Brep）、扫掠实体模型（SweptSolid）和构造实体几何模型（CSG）三种实体模型。其中，扫掠实体模型（SweptSolid）和构造实体几何模型（CSG）通常需要转化为由点和边定义最基本的几何形状，即边界表达模型（Brep），以便于实现基于面的三角网格剖分和后期的模型展示。因此，几何数据处理的第一步是将 SweptSolid 和 CSG 的几何表达转换成 Brep。转换过程主要包括顶点计算、边界重组和拓扑重建三个过程。由于 WebGL 可以直接渲染三角网格数据，最终还需要将 Brep 模型转化为三角网格模型。转换后的三角网格模型可以采用.obj 和.stl 等格式进行存储。最终得到的三角网格模型可以直接采用 WebGL 进行渲染。图 5-19 为 BIM 几何数据转化为三角网格模型的基本流程。

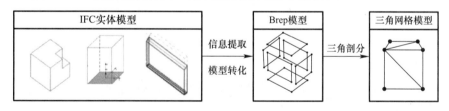

图 5-19　几何数据处理流程图

由于.obj 和.stl 等格式以文件存储，本书采用 JSON（JavaScript Object Notation）格式存储三角网格模型。JSON 为 JavaScript 对象表示方法，虽然 JSON 使用 JavaScript 语法来描述数据对象，但是它可以作为独立于语言和平台的文本信息存储与交换语法，该方法具有轻量级的优点。相比 XML 和 FSV 等，其在内容可读性、数据存储传输效率以及数据解析速度等方面均具有优势，所以较为适用于 B/S 架构的在线应用，系统采用该数据结构形式来进行后台服务与前端应用的数据交互。

图 5-20 为 BIM 里一面墙所转化后形成的三角网格数据。墙的三角网格数据以 JSON 对象的形式进行存储，其中，参数"vertices"存储顶点数据，参数"indices"存储顶点索引信息，参数"normals"存储法向量信息，参数"colors"存储颜色信息用于外观表示，

参数"materials"存储了每一个剖分面的外观信息。

```
{
  "vertices": [ 4000,100,0,4000,100,0,4000,0,100,0,0,100,4000,0,100,0,0,100,40000,-100,0,0,-100,4000,0,-100,0,0,-100,
                4000,4000,-100,0,4000,-100,4000,4000,-100,0,4000,-100,4000,4000,100,0,4000,100,4000,4000,100,0,0,
                100,0,0,-100,0,4000,-100,0,4000,100,4000,0,100,4000,0,-100,4000,4000,-100,4000 ],
  "indices": [ 1,0,3,3,0,2,5,4,6,7,5,6,9,8,10,11,9,10,13,12,14,
               15,13,14,17,19,18,17,16,19,22,23,21,23,20,21],
  "normals": [ 0,1,0,0,1,0,0,1,0,0,1,0,-1,0,0,-1,0,0,-1,0,0,-1,0,0,
               0,-1,0,0,-1,0,0,-1,0,-1,0,1,0,0,1,0,0,1,0,0,1,0,0,
               0,0,-1,0,0,-1,0,0,-1,0,0,-1,0,0,1,0,0,1,0,0,1,0,0,1],
  "colors": [0.5019608,0.5019608,0.5019608,1],
  "materials": [ 0,0,0,0,0,0,0,0,0,0,0,0 ],

}
```

图 5-20　构件几何信息的 JSON 数据结构

### 5.3.2　基于小红砖的 BIM Web 可视化方法

小红砖开放平台（www.bos.xyz，或 edu.zhuanspace.com）是面向 BIM 模型的建筑数据服务平台。小红砖通过提供强大的 BIM 模型数据应用接口和 BIM 模型三维可视化引擎等功能，为用户提供面向 BIM 模型的快速、简易数据服务。小红砖开放平台通过建立数据接口、核心示例、文件云存储等功能，方便用户针对 BIM 模型进行二次开发、数据信息提取等操作，降低设计模型应用于业务系统中的技术门槛。

在文件管理模块上传 BIM 模型后，小红砖平台自动解析所上传的 BIM 模型，形成可直接使用的数据和数据接口。同时，平台将为每个模型赋予一个模型 key，以唯一标识模型。基于此，本小节以 BIM 模型自定义可视化，包括用户开发密钥、模型文件 key，以及使用平台研发的三维可视化引擎创建模型 Web 三维可视化界面。最后，进一步介绍使用三维引擎接口实现对模型进行三维操作。

第一步：获取开发密匙

获取私有开发密钥，是二次开发所必须的第一步。前往个人中心，进入个人资料页，在页面最下端获取开发密钥。需要注意，开发密钥无需每次重置，每位用户都有独立唯一的开发密钥。同时为保证账户安全，也勿将开发密钥与他人随意共享。图 5-21 是用户获取开发密匙的界面。

图 5-21　开发密匙获取界面

第二步：获取文件 key

每个已上传完成的文件都会有一个唯一的文件 key，其可在"我的文件→我的模型"页中找到。如图 5-22 是用户获取文件 key 的示意界面。

图 5-22　文件 key 获取界面

第三步：使用 3D 可视化引擎创建界面

（1）创建 html 页面。创建模型容器 viewport，设置显示模型的窗口大小，宽度为 1000 像素，高度为 800 像素。代码如下：

```
<div id = "viewport" style = "width:1000px;height:800px;"></div>
```

（2）引入 css。引入依赖的库，BOS3D 可视化层叠样式表。代码如下：

```
<link href = "https://www.bos.xyz/bos3d/latest/BIMWINNER.BOS3D.min.css"
rel = "stylesheet"/>
```

（3）引入 js。引入依赖的库，BOS3D 可视化引擎。代码如下：

```
<script type = "application/javascript"
src = "https://www.bos.xyz/bos3d/latest/BIMWINNER.BOS3D.min.js"></
script>
```

（4）编写初始化代码。配置初始化参数 option 及实例化对象 viewer3D。代码如下：

```
const option = {host:"https://webapi.bos.xyz",viewport:"viewport"};
const viewer3D = new BIMWINNER.BOS3D.Viewer(option);
```

（5）加载模型。设置用户开发密钥与模型文件 key 参数，加载模型实现三维可视化。代码如下：

```
const modelkey = "demo_pipeline1";//模型文件 key
var devcode = "e10e59bf0ee97213ca7104977877bd1a";//用户开发密钥
viewer3D.addView(modelkey,devcode);//加载模型
```

按照上述步骤，即可实现三维可视化引擎 2.0——BOS3D 的模型可视化界面，如图 5-23所示。

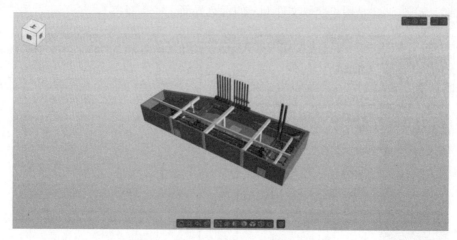

图 5-23　BIM 模型 Web 可视化界面

依据上述步骤，所形成完整的代码如下所示。

```
<! DOCTYPE html><html>
  <title>小红砖开放平台快速上手教程示例</title>
  <head>
    <meta http-equiv = "Content-Type"content = "text/html;charset = utf - 8"/>
    <link rel = "icon"href = "https://www.bos.xyz/vizbim/img/redblock.
ico"type = "img/x - ico"/>
    <link rel = "stylesheet"
href = "https://www.bos.xyz/bos3d/latest/BIMWINNER.BOS3D.min.css"/>
  </head>
  <body style = "overflow:hidden;outline:none;margin:0">
    <div id = "viewport"></div>
    <script type = "application/javascript"
src = "https://www.bos.xyz/bos3d/latest/BIMWINNER.BOS3D.min.js"></script>
  <script type = "text/javascript">
  //配置三维主对象参数
  const option = {
      host:"https://webapi.bos.xyz",
      viewport:"viewport"
  };
  //初始化主对象
  const viewer3D = new BIMWINNER.BOS3D.Viewer(option);
  //创建工具栏
```

```
const tool = new BIMWINNER.BOS3D.ToolBar(viewer3D);
  tool.createTool();
//模型画布自适应窗口大小
viewer3D.autoResize();
//用户开发密钥
const devcode = "e10e59bf0ee97213ca7104977877bd1a";
//模型文件 key
const modelkey = "demo_pipeline1";
//添加视图
viewer3D.addView(modelkey,devcode);
//监听浏览器窗口变化,自动适应画布为浏览器窗口大小
  window.addEventListener('resize',function(){
viewer3D.resize(window.innerWidth,window.innerHeight);
});
</script>
</body></html>
```

在实际使用中,用户可以将自有模型文件 key 以及个人开发密钥进行替换,从而实现任意 BIM 模型的三维可视化展示、操作以及后续二次开发。

在创建好的三维界面上,小红砖 3D 引擎已经集成了大量可视化操作按钮,例如高亮、聚焦、构件透明化、构件剖切、构件线框化、修改构件颜色、构件隔离、修改背景颜色、复位、漫游、框选、构件隐藏、模型分解等。

1. 高亮

将构件高亮显示。点击"运行"按钮,可看到构件的高亮效果,如图 5-24 所示。通过接口 component.setHighlight 来实现,具体代码如下:

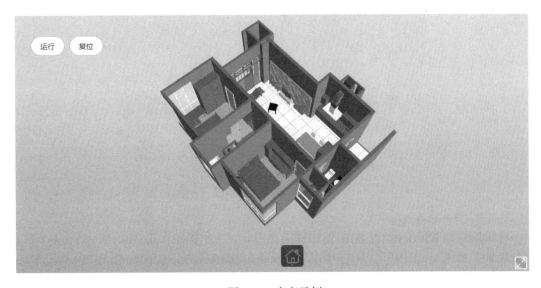

图 5-24　高亮示例

```
//点击运行触发的函数
function(){
    if(disabled)return;
    let data = ["demo_pipeline1_0t $ E0E3eLClxdQIGeSiIpB"];
    component.setHighlight(data);
}
```

### 2. 聚焦

聚焦所选构件，将视点飞跃到适合构件的观察位置。若未选中构件，则聚焦默认构件并会将默认构件高亮，如图 5-25 所示。通过接口 component.getHighlight、view.zoomToSelected、component.setHighlight 来实现，具体代码如下：

```
//点击运行触发的函数
function(){
    if(disabled)return;
    let componentHighlisht = component.getHighlight();
    const data = componentHighlisht.length > 0 ? componentHighlisht:
["demo_pipeline_simple_1lhHjFwsrD2BWDV2H0vvhK"];
    view.zoomToSelected(data)
    component.setHighlight(data);
}
```

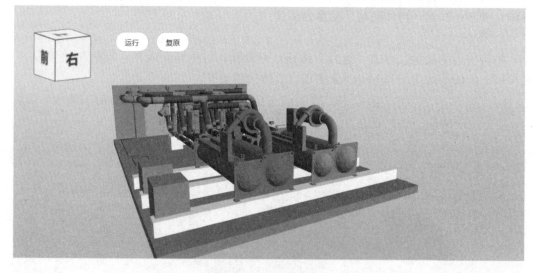

图 5-25　构件聚焦示例

### 3. 构件透明化

将所选构件类突出显示，将其他构件类透明化。本示例默认选中 IfcWallStandardCase 类型构件，如图 5-26 所示。通过接口 component.getkeys、component.filterkeyByType、component.inverseTransparency 来实现，具体代码如下：

```
//点击运行触发的函数
function(){
    if(disabled)return;
    const componentkeys = component.getkeys();
    const componentFilterkeys =
component.filterkeyByType(componentkeys,"IfcWallStandardCase");
    component.inverseTransparency(componentFilterkeys);
}
```

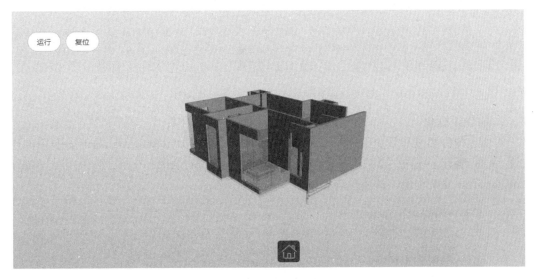

图 5-26　构件透明示例

### 4. 构件剖切

对某一特定构件类进行剖切操作，本示例默认选择 IfcFlowSegment 类型构件组，鼠标推动六个面进行剖切，如图 5-27 所示。通过接口 component.openCutting、component.isolation、view.resetScene 来实现，具体代码如下：

```
//点击运行触发的函数
function(){
    if(disabled)return;
    const componentkeys = component.getkeys();
    const componentFilterkeys = component.filterkeyByType(componentkeys,
"IfcFlowSegment");
    const data = {keys:componentFilterkeys,visible:0};
    component.isolation(data);
    component.openCutting();
}
```

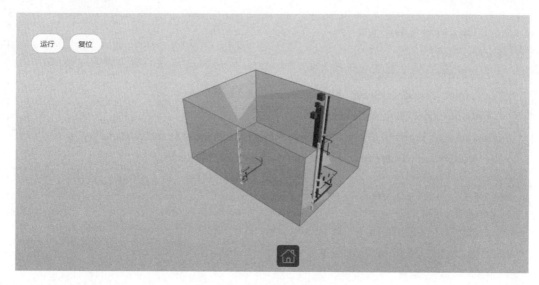

图 5-27　剖切示例

### 5. 构件线框化

对所选构件类进行线框化处理，本示例默认选中 IfcFurnishingElement 类型构件组，如图 5-28 所示。通过接口 component.getkeys、component.filterkeyByType、component.wireframe 来实现，具体代码如下：

```
//点击运行触发的函数
function(){
    if(disabled)return;
    const componentkeys = component.getkeys();
    const componentFilterkeys =
component.filterkeyByType(componentkeys,"IfcFurnishingElement");
    component.wireframe(componentFilterkeys);
}
```

图 5-28　线框化示例

### 6. 修改构件颜色

通过传入 16 进制颜色值的方式，修改所选的某一类构件的颜色，本示例默认选中 Ifc-WallStandardCase 类型构件组，如图 5-29 所示。通过接口 component. getkeys、component. filterkeyByType、component. color 来实现，具体代码如下：

```
//点击运行触发的函数
function(){
    if(disabled)return;
    const componentkeys = component.getkeys();
    const componentFilterkeys =
component.filterkeyByType(componentkeys,"IfcWallStandardCase");
    const data = {keys:componentFilterkeys,color:0xFF6B6B,opacity:1};
    component.color(data);
}
```

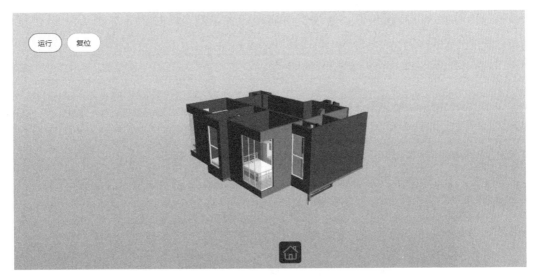

图 5-29　颜色设置示例

### 7. 构件隔离

将所选择的构件类型隔离展示，本示例默认选中 IfcFurnishingElement 类型构件组，如图 5-30 所示。通过接口 component. isolation、component. filterkeyByType 来实现，具体代码如下：

```
const componentkeys = component.getkeys();const componentFilterkeys = component.filterkeyByType(componentkeys,"IfcFurnishingElement");const data =
{keys:componentFilterkeys,visible:0};
component.isolation(data);
```

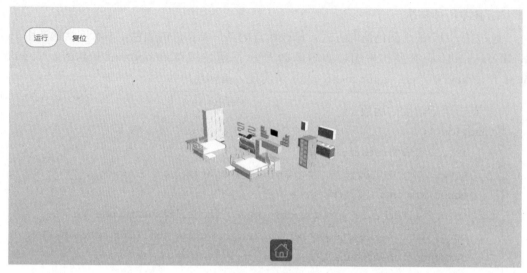

图 5-30 构件隔离示例

8. 修改背景颜色

通过传递十六进制颜色值，修改当前模型的背景颜色，如图 5-31 所示。通过接口 view. setSceneBackground 来实现，具体代码如下：

```
view.setSceneBackground("#F3FA8F");
```

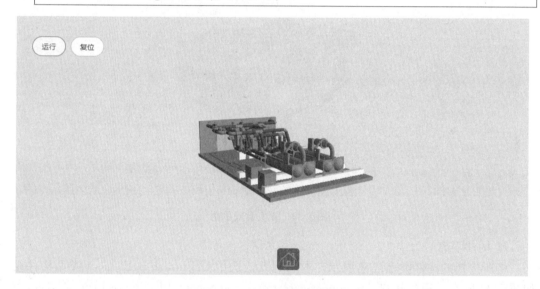

图 5-31 修改背景颜色示例

习　　题

1. BIM 几何描述都有哪几种？
2. BIM Web 可视化的基本原理是什么？
3. 基于小红砖平台实现某个 BIM 模型的可视化以及高亮、聚焦、透明化、改变颜色等操作。

# 第6章　BIM 建模

BIM 建模是 BIM 的数据来源。本章以 Revit 为例，介绍 BIM 建模的基本方法。以创建一个双层别墅项目为例，从创建标高和轴网开始，到其中的墙门窗、楼梯、屋顶和家具等，详细讲解 BIM 设计的基本过程。

## 6.1　项　目　设　置

在开始项目设计前，本节首先要介绍项目的基本设置，本项目使用 Autodesk Revit 2018 软件进行建模。

### 6.1.1　新建项目

启动 Revit 2018 软件，单击初始面板项目的【新建】按钮，选择【建筑样板】，也可以根据需要在【浏览】中选择已有的样板，单击【确定】建立新的项目，如图 6-1 所示。

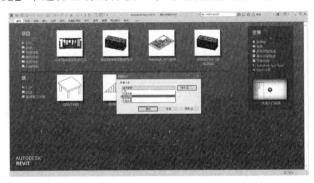

图 6-1　Revit 创建项目图

### 6.1.2　保存、另存为项目

单击选项卡中的【文件】-【另存为】-【项目】，或直接选择【保存】，如图 6-2 所示，设置保存路径及文件名"双层别墅"。

图 6-2　Revit 保存项目图

## 6.2　创建标高轴网

标高和轴网属于基准图元，作用就是为绘制三维模型提供平面位置参照和高度位置参照，均属于定位作用。特别注意：先创建标高，再创建轴网，且轴线必须与所有标高线相交。

### 6.2.1　创建标高

在 Revit 中，标高是一个无限的水平平面，凡是统一高度的位置上的点，均在这个平面上。标高的绘制是有长度限制的，在南北立面绘制的标高，左右是有端点的，可以理解为这是标高的长，转到东西立面，可以看到左右也是有端点的，可以理解为标高的宽，所以，标高是一个水平平面。

根据项目层高的实际需求，进行标高的绘制，包含以下步骤：

步骤 1：标高必须在立面视图和剖面视图中才能使用。在项目浏览器中选择任一立面视图，本案例选用南立面，双击南立面视图，更改层高尺寸，如图 6-3 所示。

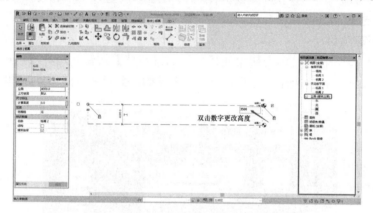

图 6-3　Revit 更改标高图

步骤 2：选择标高复制命令后，将光标轻放在标高 2 上垂直向上移动，可先创建，后改层高尺寸。特别注意：系统样板默认设置两个标高分别为标高 1、标高 2，我们根据实际需要可自行创建新标高，如图 6-4 所示但必须使用标高命令添加其他标高，Revit 才能识别到新标高对应的楼层平面或天花板平面。

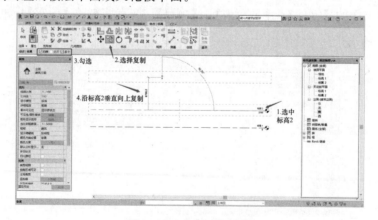

图 6-4　Revit 创建标高图

步骤 3：按照实际更改标高名称。双击临时尺寸，输入新的标高值后按 Enter 确认，样板默认高度单位值为 mm，例如实际层高 3.3m，临时尺寸应输入 3300，如图 6-5 所示。特别注意：在调整标高尺寸时，需单击相应标高后再进行尺寸的修改。

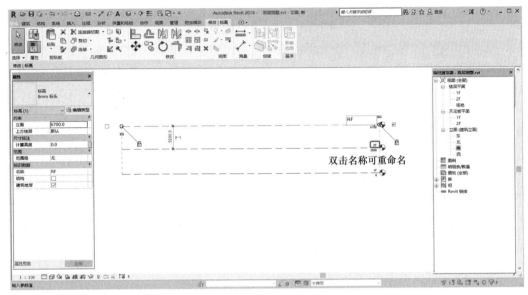

图 6-5　Revit 修改标高尺寸图

步骤 4：单击选项卡中【视图】-【平面视图】-【楼层平面】，选中所有的标高，单击确定，如图 6-6 所示在项目浏览器中楼层平面中即可显示所有平面。

如若标高的标头之间有重叠干扰等问题，可单击相应标高，并进行拖拽添加弯头以调整标头位置，或控制标头隐藏或显示。

### 6.2.2　创建轴网

在 Revit 中，轴网和标高很像，我们经常看到的轴网都是一条线，其实轴网不是线，是和标高水平面相垂直的竖直面。在软件中平面视图中显示的线是竖直面与水平面相交得到的交线或是投影线操作过程中默认单位为毫米，不再特别标注。因此需注意：在任意一个平面视图中绘制一次轴网即可，包含以下步骤：

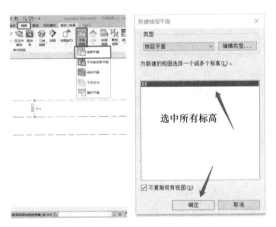

图 6-6　Revit 更新标高图

步骤 1：在项目浏览器中双击【楼层平面】下的【1F】视图，进入到首层平面视图，在【建筑】选项卡中选择【轴网】，并选择轴网中的直线进行绘制，如图 6-7 所示在视图中单击一点作为起点，然后自下而上垂直移动光标后再次单击鼠标作为轴线的终点。此条轴线标号为 1。

步骤 2：选中轴线 1，选择轴网复制命令，将光标在轴线 1 上单击捕捉一点进行向右移动复制，如图 6-8 所示。注意：在复制过程中可以直接输入间距值后按 Enter 确认轴线位置，也可以先复制轴线条数，后续再更改间距值。

步骤 3：更改每条轴线尺寸，本项目中共 7 条轴线，标号为 1-7，尺寸分别为 1200、

3900、2800、1000、4000、600，如图 6-9 所示。特别注意：在调整轴线间距尺寸时，需单击相应轴线后再进行尺寸的修改，否则会误改其他轴线间距。

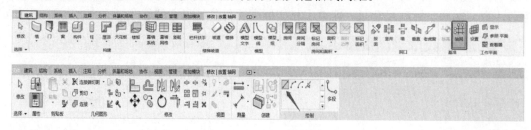

图 6-7　Revit 创建轴线图

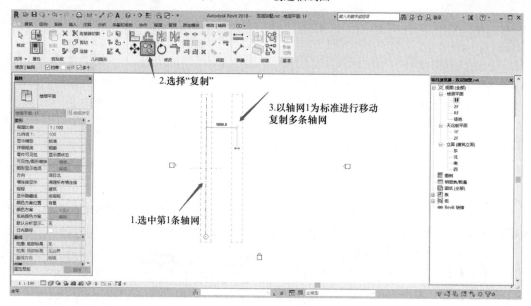

图 6-8　Revit 建立轴网图

图 6-9　Revit 修改轴网尺寸图

步骤 4：按照步骤 2 同理绘制横向轴线 A-E，轴线间尺寸分别为：2900、3100、2600、5700。注意：尽量将竖向轴线与横向轴线在视图中心位置相交，可以通过框选轴线进行一并的位置移动。如若轴线的标头之间有重叠干扰等问题，可单击相应标高，并进行拖拽添加弯头以调整标头位置，或控制标头隐藏或显示。最终轴网绘制如图 6-10 所示。

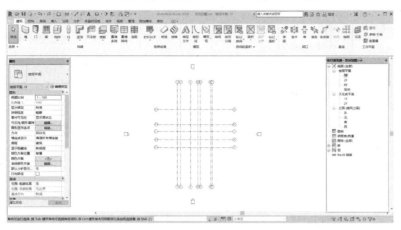

图 6-10　Revit 轴网示意图

轴网创建完成后，依次单击立面视图中四个方向立面进行查看，确保轴线与标高相交，如若个别轴线与标高不相交，需选中轴线，上下移动调整位置。

## 6.3　首层建筑结构

本节将完成首层的墙、门窗和楼板等构件设计。从本节开始将分层逐级完成双层别墅的三维设计。本节首先介绍了插入墙体的方法，然后介绍了插入门的两种方法——加载外部族和直接使用样板自带门型，并设置门窗属性约束等，最后创建首层楼板。

### 6.3.1　首层墙体设计

墙体是门窗等构件的承载主体，所以在创建门窗等构件前需要首先创建墙体。包含以下步骤：

步骤 1：选择项目浏览器中楼层平面的【1F】进入到首层。首先绘制外墙。在【建筑】选项卡中选择【墙】，并选择墙的类型和设置属性，如图 6-11 所示。底部约束和顶部约束不能为同一高度。

此图主要表达"墙"在工具栏的位置。

步骤 2：从 2 号与 E 轴线的交点开始顺序绘制外墙，如图 6-12 所示。本案例选择的定位线为墙中心线，需顺序绘制外墙，以防墙体不连贯。

步骤 3：绘制厚为 150mm 的内墙。在【建筑】选项卡中选择【墙】，并选择墙的类型和设置属性进行绘制如图 6-13 所示。"内墙"和"外墙"是为区分墙体的构造、厚度及功能等。

三维视图中如图 6-14 显示：

### 6.3.2　首层门窗设计

将门、窗插入到墙上，并设置属性高度等，墙体会自动在墙上剪切出相应洞口以便放置门窗构件。注意：门窗在平面视图、立面视图和三维视图中均可插入。

（1）加载外部族

1.选择外墙类型

2.进行属性设置

图 6-11　Revit 编辑墙类型图

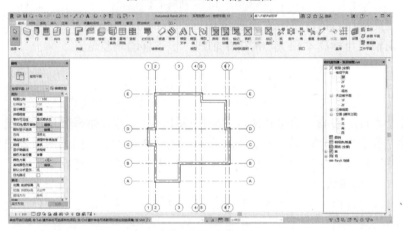

图 6-12　Revit 绘制外墙

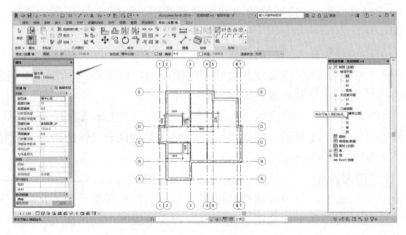

图 6-13　Revit 绘制内墙

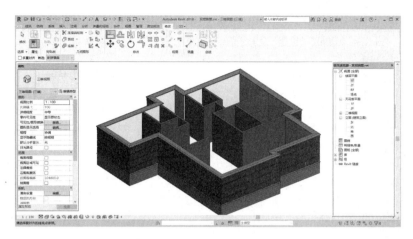

图 6-14　Revit 墙体三维视图

由于系统样板自带的门窗族很少，不能满足实际应用，需要从外部加载族。包含以下步骤：

步骤 1：网上下载 Revit 2018 族库，并解压到目录文件中，下图为参考路径，可自行更改，如图 6-15 所示。

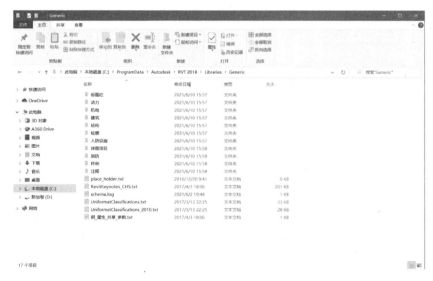

图 6-15　Revit 外部族解压路径

步骤 2：单击选择【插入】选项卡下的【载入族】如图 6-16 所示。

图 6-16　Revit 选项卡载入外部族

步骤 3：选择自己需要的门，本例中选择双扇门中的【双面嵌板木门】，并单击打开，如图 6-17 所示。

步骤 4：加载的族在项目浏览器中【族】下【门】进行查看，也可在【建筑】选项卡中选择【门】，在门类型下拉菜单里查找，查找门（图 6-18）。

图 6-17　Revit 载入门

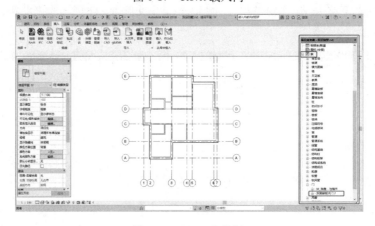

图 6-18　Revit 查找门

（2）插入门

步骤 1：选择项目浏览器中楼层平面的【1F】进入到首层，在项目浏览器中【族】-【门】下找到需要的尺寸单击选中，直接拖拽到平面图区域，如图 6-19 所示。

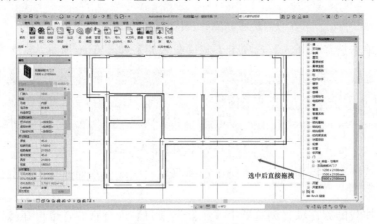

图 6-19　Revit 插入门

步骤 2：将门插入到墙体后，可双击临时尺寸直接输入尺寸进行更改。注意：在插入时，单击空格键可以调整门开合方向，也可在插入完成后，单击相应的门，单击"箭头"标志进行调整，如图 6-20 所示。

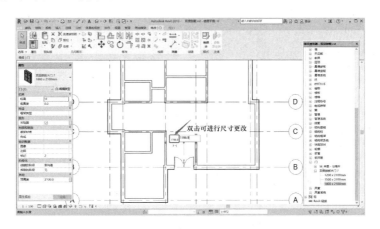

图 6-20　Revit 调整门尺寸位置

步骤 3：单击选择【建筑】选项卡下的【门】，如图 6-21 所示。

图 6-21　Revit 门位置示意图

步骤 4：选择门的类型及属性，将光标移到墙体上进行插入门，插入后可以更改门的方向及位置尺寸，如图 6-22 所示。

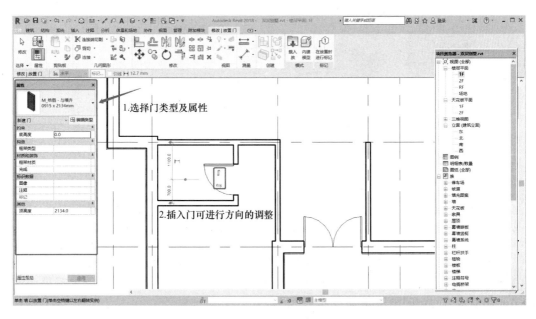

图 6-22　Revit 插入并调整门

特别注意：在移动、复制、镜像等命令创建新的门时，插入门的位置必须有可依附的墙体，否则系统将自动报错并删除门。

步骤 5：门尺寸位置图如图 6-23 所示

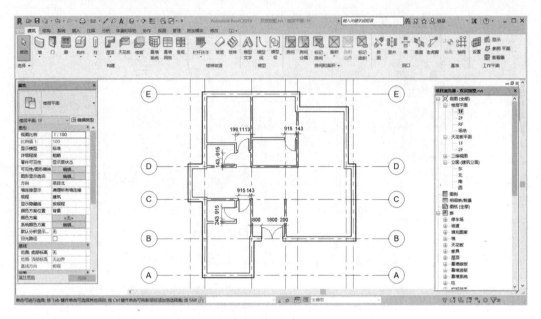

图 6-23　Revit 门尺寸位置示意图

（3）插入窗

步骤 1：根据上述步骤加载外部族窗，选择推拉窗，单击打开，如图 6-24 所示。

图 6-24　Revit 载入窗

步骤 2：单击【建筑】选项卡下的【窗】，选择载入的推拉窗，并设置属性，如图 6-25 所示。注意：如需要统一修改窗的属性，可直接打开某窗图元属性编辑器编辑，即可一次编辑所有相同类型的窗。

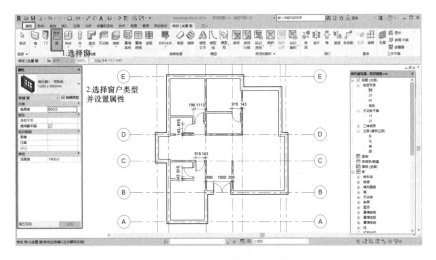

图 6-25　Revit 插入窗类型

步骤 3：窗户放置尺寸及三维视图中显示如图 6-26 所示：

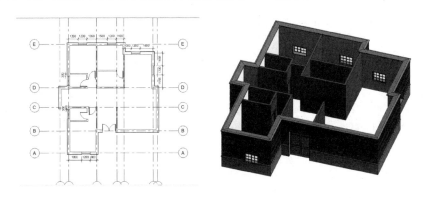

图 6-26　Revit 窗尺寸及三维示意图

### 6.3.3　首层楼板设计

步骤 1：选择项目浏览器中楼层平面的【1F】进入到首层。选择【建筑】选项卡下的【楼板】如图 6-27 所示。

图 6-27　Revit 楼板位置示意图

步骤 2：选择楼板厚度及设置属性，注意框选处的设置，如图 6-28 所示。由于创建墙体时采用的是 400mm 的墙体，此处楼板偏移单位为 cm，首层楼板应沿墙体内侧线构建，故偏移 −40。

步骤 3：依次顺序选择所有外墙，如图 6-29 所示。特别注意：红线为墙体内侧线，需按顺序选取所有墙体并形成回路。

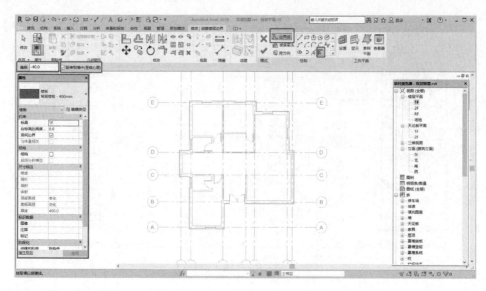

图 6-28　Revit 楼板属性设置图

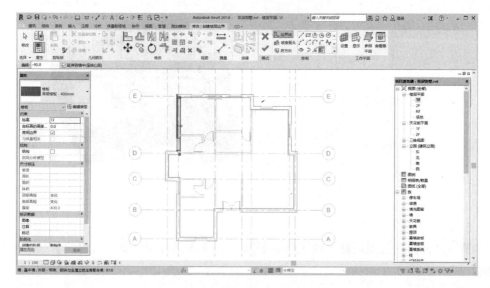

图 6-29　Revit 楼板绘制图

步骤 4：单击工具栏的确认按钮，如图 6-30 所示。

图 6-30　Revit 楼板确认图

步骤 5：单击确认后，出现下图即为创建楼板成功，如图 6-31 所示。

三维视图如图 6-32 所显示：

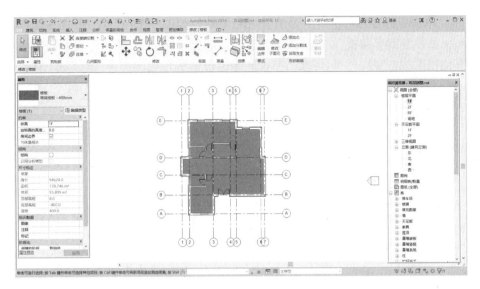

图 6-31　Revit 创建楼板图

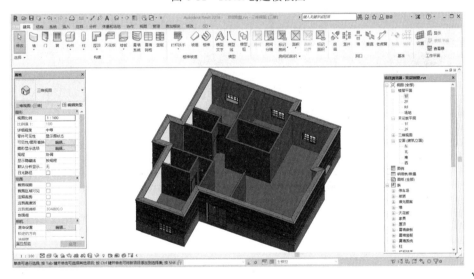

图 6-32　Revit 楼板三维示意图

# 6.4　二层建筑结构

　　本节首先创建了二层的墙体，介绍了在下一层已经构建成功后上一层的通用构建方法，然后插入门窗等构件，最后插入二层的楼板，即首层的顶棚。方法与首层设计方法基本相似。

## 6.4.1　二层墙体设计

　　在构建二层墙体时一般采用直接复制首层墙体，经过局部修改后即可快速完成二层的墙体创建，也可以直接采用 6.3.1 节的方法手工绘制墙体。本节采用复制首层的方法进行设计，包含以下步骤：

　　步骤 1：选择项目浏览器中楼层平面的【1F】进入到首层。将光标放置在外墙上，单击 Tab 键，单击鼠标即可选中所有外墙并进行复制，如图 6-33 所示。特别注意：此次采用的复制为"复制到剪贴板"，与传统的"复制"功能不同，"剪切板"可以将粘贴的构件复制到其他视图中，"复制"只可在当前视图中进行粘贴。

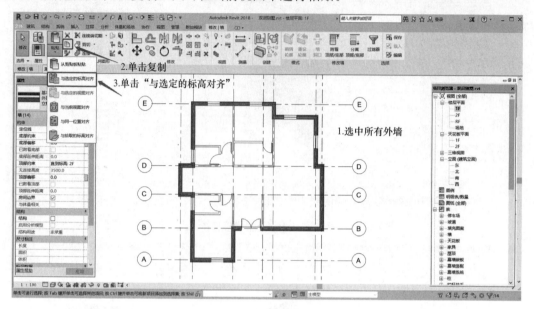

图 6-33　Revit 墙体复制图

步骤 2：选择【2F】，单击确定，如图 6-34 所示。

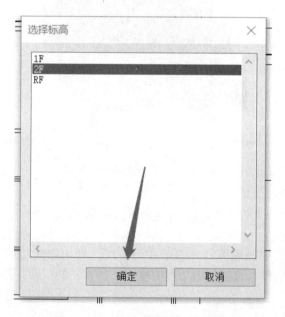

图 6-34　Revit 选择墙体复制标高图

步骤 3：在项目浏览器中进入【立面视图】中的任一立面，修改外墙的约束及偏移，如图 6-35 所示。底层约束为 2F，顶部约束为 RF，不能出现顶部约束与底层约束相同的情况，否则系统自动警告并删除构件。

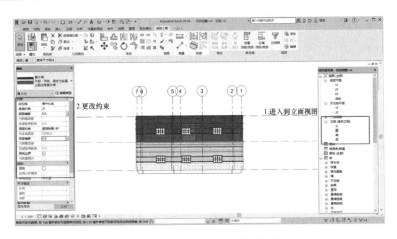

图 6-35　Revit 更改墙体约束图

步骤 4：选中所有窗和门，如图 6-36 所示。注意：过滤器选择集时，是按照类别进行过滤的，是选择构件类别方便快捷的方法。根据需要选择类别的多少，合理利用"选择全部"和"放弃全部"功能。

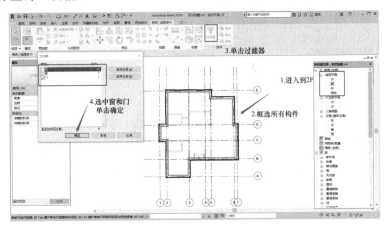

图 6-36　Revit 过滤门窗图

步骤 5：单击删除，即可删除所有门窗，如图 6-37 所示。

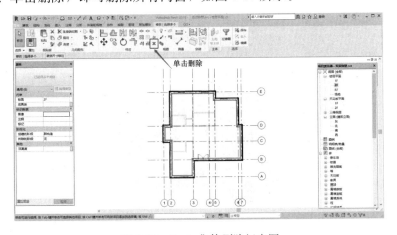

图 6-37　Revit 集体删除门窗图

步骤 6：绘制内墙。单击项目浏览器下【楼层平面】-【2F】方法如首层内墙绘制，尺寸如图 6-38 所示。

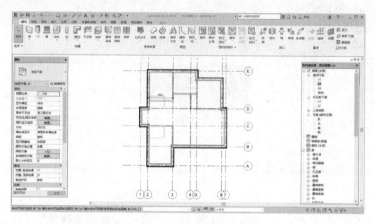

图 6-38　Revit 绘制 2F 内墙图

三维视图如图 6-39 显示：

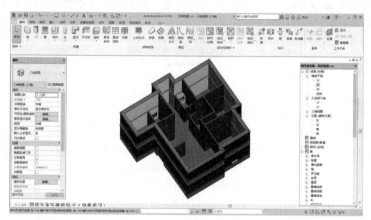

图 6-39　2F 墙体三维示意图

### 6.4.2　二层门窗设计

门窗插入方法同首层门窗插入方法，三维视图如图 6-40 所示：

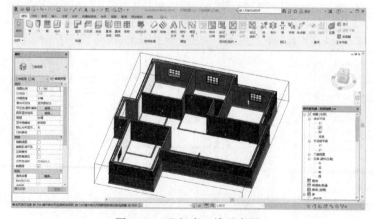

图 6-40　2F 门窗三维示意图

### 6.4.3　二层楼板设计

在【2F】视图中，选择【建筑】选项卡下的【楼板】，设置属性，顺序选中所有外墙，单击确定，如图 6-41 所示。绘制楼板要求按照顺序选择墙体，并且轮廓线需要形成闭合，否则系统自动提示。有些建筑楼板不与墙体重合，在使用拾取墙时，勾选"延伸到墙中（至核心层）"后设置需要偏移的参数值，再单击拾取墙体即可。

图 6-41　Revit 绘制 2F 楼板

三维视图如图 6-42 所示：

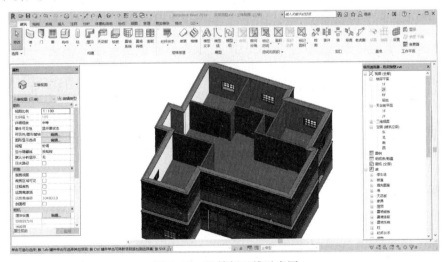

图 6-42　2F 楼板三维示意图

## 6.5　绘 制 楼 梯

本节将完成从一层到二层的常规楼梯的绘制。包含以下步骤：

步骤 1：选择项目浏览器中楼层平面的【1F】进入到首层。单击【建筑】选项卡下的【参照平面】，进行参照线的绘制，如图 6-43 所示。注意：其中上下两条参照线到墙边线的距离为楼梯宽度的一半，最右边参照线为第一起跑位置。

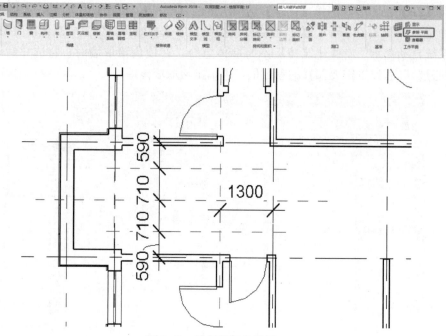

图 6-43　绘制楼梯参照线

步骤 2：在【建筑】选项卡下选择【楼梯】，如图 6-44 所示。

图 6-44　Revit 楼梯位置示意图

步骤 3：选择楼梯类型及属性，在参照线交点处绘制楼梯，如图 6-45 所示。楼梯绘制需要设置"梯段宽度""所需踢面数"以及"实际踏板深度"等数据。

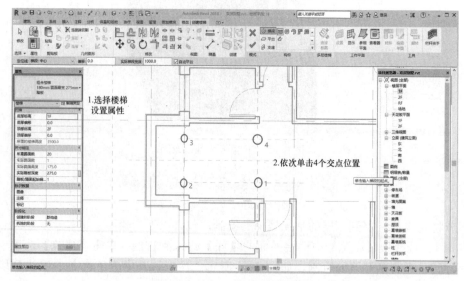

图 6-45　Revit 编辑楼梯属性图

三维视图如图 6-46 显示：

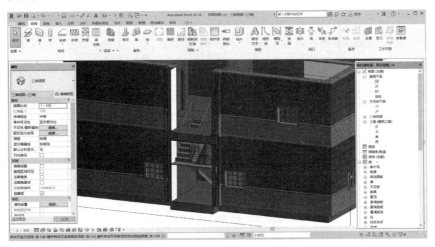

图 6-46　Revit 楼梯三维示意图

## 6.6　屋顶平面结构

本节将完成屋顶的绘制，屋顶包含双坡、多坡等，本案例采用较简单的屋顶绘制方法，包含如下步骤：

步骤 1：选择项目浏览器中楼层平面的【RF】进入到屋顶层。单击【建筑】选项卡下的【屋顶】，如图 6-47 所示。

图 6-47　Revit 屋顶位置示意图

步骤 2：选择屋顶类型以及设置属性，选中所有的外墙，单击确定，如图 6-48 所示。注意：屋顶线设置为坡度定义线，可以通过调整线旁的三角符号进行坡度的编辑。

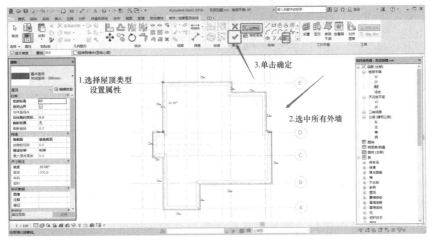

图 6-48　Revit 绘制屋顶

步骤 3：下图为屋顶创建成功，如图 6-49 所示。特别注意：轮廓区域必须封闭轮廓，不能互相重叠。

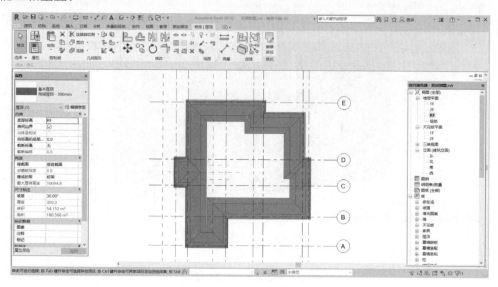

图 6-49　Revit 创建屋顶

三维视图如图 6-50 显示，可以拖拽进行高度的调整：

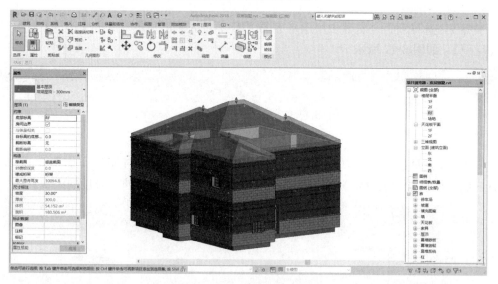

图 6-50　Revit 屋顶三维示意图

## 6.7　室内家具

本节在上述设计完成的建筑主体的基础上，进行室内家具的摆放设计，更好地使内部空间更美观、直观呈现。

由于室内设计具有个体化、数量繁多等问题，一般采用直接加载外部族构件或是自行根据实际需求绘制构件，加载外部族方法同 6.3.2 方法相同。构件可以在平面视图、立面视图和三维视图中进行放置。

图 6-51 为卧室平面展示图及三维展示：

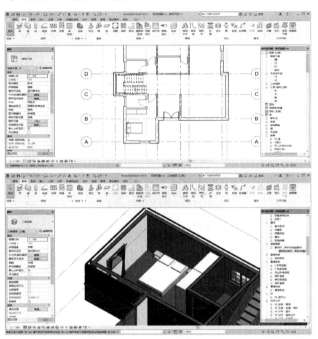

图 6-51　卧室平面及三维视图

图 6-52 为客厅平面展示图及三维展示：

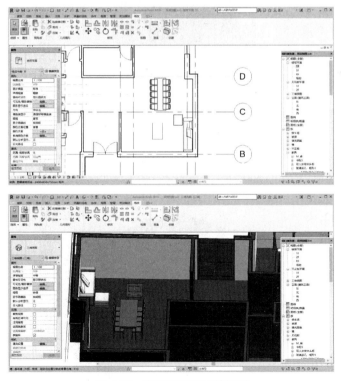

图 6-52　客厅平面及三维视图

# 6.8 效 果 展 示

至此完成了双层别墅的建筑结构及室内设计，以下分别为建筑结构、左剖面、右剖面、首层、二层效果展示图。

双层别墅建筑结构效果如图 6-53 展示：

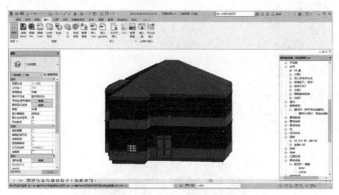

图 6-53 双层别墅建筑结构效果图

双层别墅左剖面效果如图 6-54 展示：

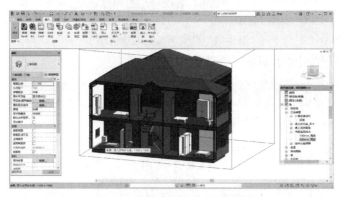

图 6-54 双层别墅左剖面效果图

双层别墅右剖面效果如图 6-55 展示：

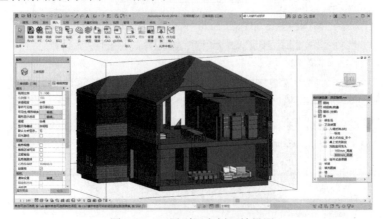

图 6-55 双层别墅右剖面效果图

双层别墅首层效果如图 6-56 展示：

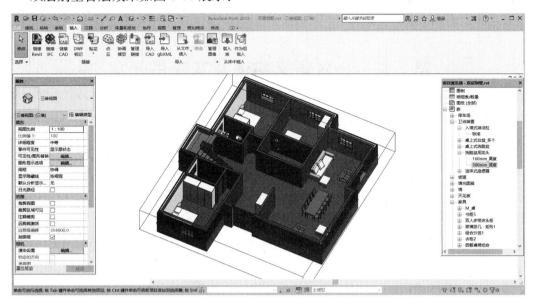

图 6-56　双层别墅首层效果图

双层别墅二层效果如图 6-57 展示：

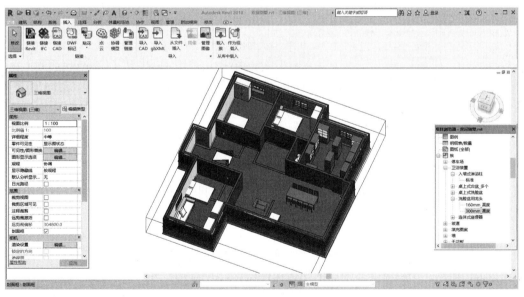

图 6-57　双层别墅二层效果图

习　　题

采用 Revit 设计一个 BIM 模型。要求：①必要的标高和轴网信息。标高不少于3个，对应建筑一层、二层和屋顶。②合理设计模型外部墙和内部墙。③必要的门、窗、楼板和屋顶。④必要的室内家具，如桌、椅等。⑤必要的楼梯，楼梯。⑥绘制准确。⑦模型设计美观。

# 第7章 BIM语义描述及其应用开发

本章将介绍语义的概念及其在 BIM 中的应用。语义概念的提出使计算机具备了理解事物的能力。通过理解 BIM 模型中数据的语义信息，计算机可实现算量统计、智能分析、判断决策等，达到 BIM 从信息化到数字化，最终实现智能化的过程。

## 7.1 语　　义

语义是语言学领域的概念，1923 年英国学者 Ogden 和 Richards 在著作《The Meaning of Meaning》（《意义的意义》）中首次提出"语义三角"（Semantic Triangle）理论，明

图 7-1　语义三角

确使用"概念"这一术语，主张语言表达式和它所表达的客观事物之间需要由"概念"作为中介。语义三角理论的整体思想是指符号、概念和所指物三者处于一种相互制约、相互作用的关系之中。如图 7-1 所示，"语义三角"的具体构造传达出以下几点主要思想：

第一，概念或思想（Concept/Thought）和所指物（Reference/Things）之间直接联系。概念或思想是在客观事物基础上抽象概括而成的，是客观事物在头脑中的反映，表达概念反映客观事物这一思想。

第二，概念与符号或词（Symbol/Word）之间同样直接联系。概念通过符号被表达，二者用实线连结，说明符号表达概念这一思想。

第三，符号或词与所指物之间没有直接的、必然的联系，二者之间任意相关，具有约定俗成的性质。

语义三角的基本思想在于，符号与所指物之间没有内在的必然联系，真正的联系存在于人的头脑中。例如，对于文本符号"建筑梁"而言，人的大脑知道"建筑梁"不代表数字或行为，而是一个具有实体形态的建筑构件概念，并且人类可以根据这个概念得出与之相关的信息，例如梁的材料、长度、宽度和功能等。因此，人能准确地理解"建筑梁"这一符号所表达的语义，但对于计算机来说却很难。

在大数据的推动下，数字化理念已经悄悄代替了信息化，其中的关键技术就是语义概念的引入。在信息化时代，通过扫描成像的方法形成了二维或者三维的图像，生动形象地展示事物的特点，但是机器却无法理解事物所表达的内容。而数字化时代，计算机通过语义识别、BIM 建模等数字化技术实现了机器理解事物的能力，使机器实现简单的智能决策，如算量统计等。在从信息化向数字化发展的过程中，语义识别和语义分割的研究已然成为计算机深度学习的热点和前沿。

随着互联网技术的迅速发展，传统互联网的信息无法使计算机获取到真正的语义信息，为解决这一问题，语义 Web 技术应运而生。语义具有领域性特征，不属于任何领域的语义是不存在的。对于计算机科学来说，语义一般是指用户对于那些用来描述现实世界的计算机表示（即符号）的解释，也就是用户用来联系计算机表示和现实世界的途径。这里所说的符号就是数据，数据本身没有任何意义，只有被赋予含义的数据才能够被使用，这时候数据就转化为了信息，而数据的含义就是语义。此时，也可将语义简单看作是数据所对应的现实世界中事物所代表的概念的含义，以及这些含义之间的关系，是数据在某个领域上的解释和逻辑表示。

万维网作为互联网时代的核心，在过去几十年的时间内不断地发展和完善，它包含了巨量信息资源，其中的价值仍然有待发掘。HTML 作为网页文本语言在信息的表现形式上有自身的局限性，为了帮助人们更加高效便捷地在网络中查找资源，在 2000 年 Tim Berneers Lee 正式提出语义网，其目的在于使 Web 上的信息能够具有计算机可理解的语义，以满足万维网上分布式信息和异构数据的有效搜索和访问，并由此提出语义网技术框架，如图 7-2 所示。

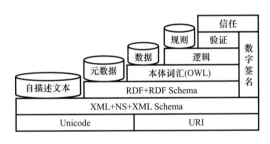

图 7-2　语义网技术框架

第一层为资源的统一编码 Unicode 和统一资源标识 URI（Uniform Resource Identifier）。第二层是语义网数据的语法层，可扩展标记语言和 XML 架构主要规定了数据内容及结构的语法。第三层是语义网的数据描述层，包括 RDF 和 RDF 架构，它作为 Web 数据的描述语言，为 Web 数据提供语义模型。第四层是语义网的本体层，OWL 是本体的通用描述语言。第五层是语义网的逻辑层，在第四层的基础上增加了逻辑推理功能。第六层是语义网的验证层，它主要用来验证 Web 中的内容。第七层是语义网的信任层，它主要为用户与数据建立相互信任关系。通过该技术结构模型可以看出，语义网信息组织的核心技术就是围绕网络信息的形式化描述，显示地表达网络中的语义。

语义网技术在建筑工程领域的研究，主要分为三个阶段：2000 年前，该概念在建筑工程领域提及较少，相关内容围绕人工智能话题展开，2000 年后，建筑工程领域中的部分学者围绕知识管理方面进行了语义网技术的应用探索与研究，重点围绕 BIM 技术展开。

然而，通过语义网技术使计算机有了海量的数据，有了数据后实时处理和分析的能力还远远不够，因为对数据分析和决策还主要是依靠人来执行。为了使机器能实现像人这样智能分析、预测、推理、判断与决策，我们正在经历从数字化转型到智能化的过程。在数字化转型的过程中，语义也发挥了重要的作用，通过计算机对语义的理解模拟人的心智，让机器具备人类的高阶认知能力。

同样，在建筑工程领域数字化向智能化转型过程中语义也发挥着重要的作用。在建筑工程领域的语义区别于计算机领域的，是面向对象的语义，此处提到的面向对象的含义是指真实世界客观存在的，也即"建筑物理实体"。建筑实体中包含着大量决策所需的数据，如何准确全面地描述建筑物实体的语义信息是解决建筑领域转型的关键。此外，建筑实体中还包含着大量属性信息，比如建筑的空间语义信息、建筑构件的语义及其属性信息等，如何表示此类信息也是难点。为解决上述语义在建筑领域的问题，BIM技术应时而生。

## 7.2 BIM 语义

随着智能化时代的到来，建筑行业也迎来了变革，而 BIM 技术作为建筑行业的新技术，拥有着较强的数据处理与分析能力。BIM 模型含有建筑工程项目全生命周期中的各种信息，具有高精度、参数化特征，包含了丰富的语义信息，BIM 已为城市建筑的管理与决策提供了新技术。BIM 技术的核心是实现信息共享与转换，其中最重要的是信息，对于建筑实体而言，其对象的语义信息通过属性信息加以描述。IFC 标准是解决上述核心问题的基础。IFC 标准是由 bSI（buildingSMART Interoperability）提出的一个公开化、结构化、面向对象的数据标准。IFC 标准定义了建筑工程领域中各类信息的标准格式，定义了工程项目中不同专业、不同阶段的数据存储和表达方式，不仅包括建筑对象的定义，而且定义了建筑构件的属性信息，其目的是实现建筑全生命周期所有信息的完整描述。

IFC 数据标准的整体架构分为领域层、交互层、核心层和资源层，每个层次包含不同的功能模块。其中资源层位于最底层，主要用于描述基本语义信息，核心层主要是核心层框架和其扩展框架，描述了通用的语义定义，并将资源层中的语义信息同核心层的框架统一，增加联系关系并形成整体。交互层是对共享于不同专业的一般产品、过程、资源等实体语义进行了定义。领域层作为最高级的层次，侧重对特定专业的特有产品、过程、资源等实体语义进行定义，以形成各个领域的独有信息，只在该领域进行交换和交互。IFC 标准的层级定义规定每层只能引用下层及本层的语义信息，不能引用上层的语义信息，基于这种引用规则保证了整个信息资源的稳定性。

基于严格清晰的层级架构，IFC 标准不仅可以描述真实物理对象的语义，例如墙、梁、板、柱等具体建筑构件，也可以对关系、过程、空间等抽象对象的语义进行描述。无论是真实对象还是抽象对象按其概念可进行分类，具体包括类型（Type）、函数（Function）、实体（Entity）、规则（Rule）、属性集（Property Set）和数量集（Quantity Set）六类，具体内容如下。

（1）类型有实体类型（Entity Types）、枚举类型（Enumeration Types）、选择类型（Select Types）和定义类型（Defined Types），属于预定义属性，是对象基本类型的表示。

（2）函数通常在表达实体的几何属性或物理属性时被引用，主要为大量的数学、物理公式。

（3）实体是 IFC 规范内最基本的信息组织单位，对应语义中类目的概念，实体通常包含自己的预定义属性集，IFC 模型就是由大量的实体组成。

（4）规则用于界定实体属性的范围，从而保证模型内各种数据的正确性。

（5）属性集内包含多个用于表示相同类型实体的属性，可被不同的实体所引用，是用来描述实体语义的重要内容，通过属性集为实体语义附加不同的属性信息。

（6）数量集也是一类属性所组成的集合，可被不同的实体所引用，但此类属性一定为定量属性。

类型定义作为 IFC 标准的主要部分，包括的四种数据形态中，实体类型最为常用，包含各种属性。IFC 数据标准包括 130 个定义类型，207 个枚举类型，60 个选择类型，776 个实体类型，413 个预定义属性，分布在 IFC 架构的不同层。

在 IFC 标准中定义了继承关系的语义，即子类与父类、基类与超类、继承与多态的概念，其实体的继承结构信息如图 7-3 所示。IFC 中继承关系是指，位于下层的类会继承所有祖先类的属性，并且只有最下层的实体可以被实例化，其他上层实体是抽象类，只能被继承，不能实例化。层次化、模块化的架构设计使得 IFC 标准的整体架构更加稳定，不同专业领域之间有明确的类别划分，从而使得 IFC 标准易于开发和维护。IFC 标准对信息强大的描述能力，使其具有丰富的语义信息，能实现建筑物信息的共享和表达。

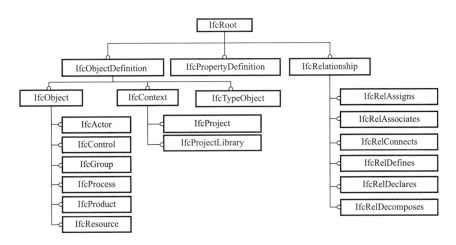

图 7-3　IFC 主要实体继承结构图

### 7.2.1　IFC 空间组织语义

基于 IFC 标准的建筑信息表达不同于传统的二维图纸表达。传统的表达是基于点、线、面、文字的二维图纸表达方式，而 IFC 文件中能包含完整的项目语义，如场址信息、几何信息、关联信息、空间位置信息等。IFC 中一个建筑工程项目的语义信息主要由工程（IfcProject）、场地（IfcSite）、建筑物（IfcBuilding）、建筑楼层（IfcBuildingStorey）、建筑构件（IfcBuildingElement）等实体类型组成，它们之间由关联实体（IfcRelAggregates）连接，对于某一建筑工程项目的 IFC 空间组织关系如图 7-4 所示。

从中可知，一个建筑工程项目的组织架构中只存在一个 IfcProject（工程）实体，但可以存在多个 IfcSite（场地）、IfcBuilding（建筑物）、IfcBuildingStorey（建筑楼层）、Ifc-BuildingElement（建筑构件）实体。其中 IfcProject 是 IFC 建筑模型中最顶层的实体，存储了项目的绝对坐标系、数值单位、精度等建筑工程全局语义信息。IfcSite 表示的是项目的土地区域，记录了项目的土地语义信息，例如经纬度、海拔、土地编号、地址等。IfcBuilding 提供了建筑物±0.0 处的绝对海拔高度，并以此作为各楼层海拔高度的参考，其次也记录了建筑物地址的属性信息。IfcBuildingStorey 存储建筑楼层语义信息，通常代表垂直限制的空间的水平聚集，其主要用于与建筑物或建筑构件相关联。IfcBuildingElement 主要包括建筑物中内置元件，其类型复杂、种类繁多。建筑的空间组织关系通过关联实体 IfcRelAggregates 串成一个整体，建筑构件与空间的组织关系通过关联实体 IfcRelContainedInSpatialStructure 连接在一起，形成完整的建筑工程项目的空间组织语义信息。

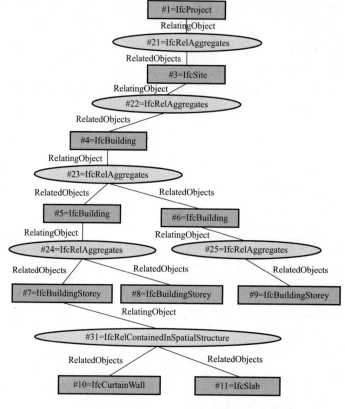

图 7-4　IFC 空间组织关系

### 7.2.2　IFC 构件语义

上节对 IFC 建筑工程项目空间组织语义信息进行了讲述，本节将对 IFC 中常见的建筑构件语义信息及其表示框架进行分析。建筑构件实体主要存储在 IfcBuildingElement 下，所述内置元件主要指一个内置设施的建设，即其结构和空间分离系统的一部分的所有元素，且建筑元素都是物理上存在且有形的东西，其实体继承关系如图 7-5 所示。

由上至下，构件实体分别继承了父类 IfcRoot、IfcObjectDefinition、IfcObject、IfcProduct、IfcElement、IfcBuildingElement 六个实体的属性。IfcRoot 实体位于 IFC 架构的核心层，是一个抽象的根类，除去资源层实体外基本所有的实体都需引用 IfcRoot 实体，它定义了构件实体的 GlobalID、OwnerHistory、Name、Description 属性信息。IfcObject-

Definition 实体是语义定义的对象或过程，包括了实体的类型或事件的定义。IfcObject 实体是语义处理的事情或过程的概括。IfcProduct 实体描述了几何实体及其空间位置信息。IfcElement 实体是组成建筑的所有构件的总称。IfcBuildingElement 包括了所有建筑的元素、结构和空间的分类系统。以下通过梁（IfcBeam）的实体来介绍 IFC 构件实体的语义继承方法，其信息框架图如图 7-6 所示。IfcBeam 共继承了 32 个属性，自身只添加了一个 PredefinedType 属性，在 IFC 架构中属性分为三类：显式属性、派生属性、反属性。

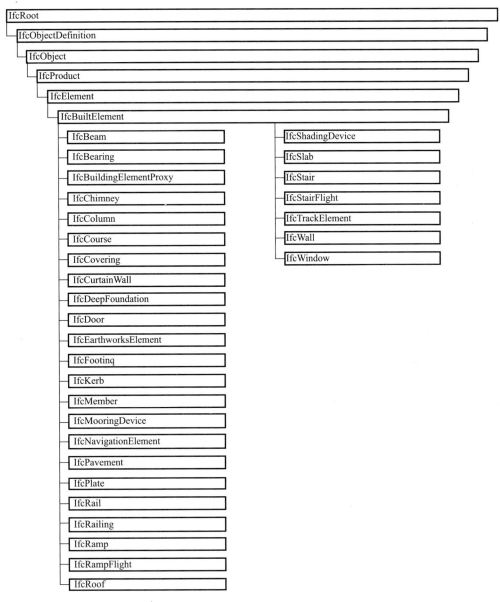

图 7-5　主要建筑构件实体在 IFC 标准中的继承关系架构

1. 显式属性（Direct attribute）

IFC 实体的显式属性通过标量的形式直接给出，通过 IFC 的物理文件可以直接看到属性值，直接属性的值类型主要为字符串、整型、实数型、枚举型等。在梁实体中，表 7-1

给出了其直接属性，直接属性有 GlobalID、Name、Description、ObjectType、Tag、PredefinedType，其中 GlobalID 是区分实体的标识符，由 22 个字节十六进制的字符组成，它的属性值不能为空，其余属性的属性值可选可为空。

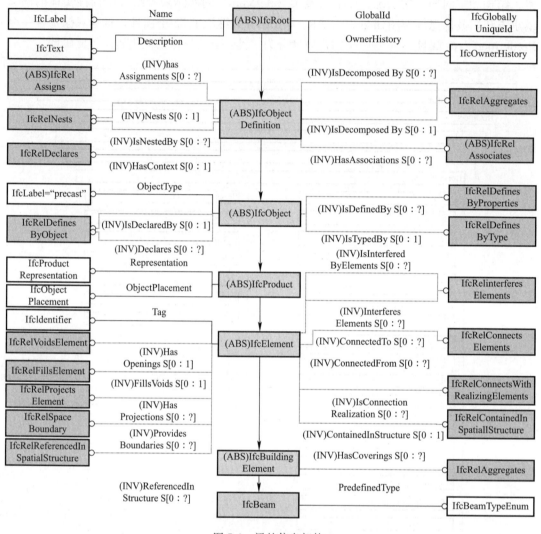

图 7-6　梁的信息架构

IfcBeam 直接属性表　　　　　　　　　　　　　　　　　　　　　　表 7-1

| 属性名称 | 属性类型 |
|---|---|
| GlobalID | IfcGloballyUniqueId |
| Name | **OPTIONAL** IfcLabel |
| Description | **OPTIONAL** IfcText |
| ObjectType | **OPTIONAL** IfcLabel |
| Tag | **OPTIONAL** IfcIdentifier |
| PredefinedType | **OPTIONAL** IfcBeamTypeEnum |

## 2. 派生属性（Derived attribute）

派生属性在 IFC 实体中不能直接通过简单的标量信息描述，比如对建筑几何形体的描述，需要有大量的点线面组合在一起才能描述，空间位置关系需要通过相对坐标来表达，历史版本信息需要描述个人、组织等关系，不能简单地给出其属性值。这类属性信息通过层层引用别的实体来表达，表 7-2 给出了派生属性。

IfcBeam 派生属性表　　　　　　　　　　　　　　　　表 7-2

| 属性名称 | 属性类型 |
| --- | --- |
| OwnerHistory | **OPTIONAL** IfcOwnerHistory |
| ObjectPlacement | **OPTIONAL** IfcObjectPlacement |
| Representation | **OPTIONAL** IfcProductRepresentation |

## 3. 反属性（Inverse attribute）

反属性是 IFC 实体的一类特殊属性信息，它不能直接通过查看对应的实体得到其属性信息，需要先查找关联实体，然后借助于关联实体再查看与之相关的实体的属性信息。比如要查看 IfcBeam 的材料信息，直接通过梁单元不能获取其属性，但是它具有 HasAssociations 属性，可以通过实体 IfcRelAssociateMaterial 把 IfcBeam（梁实体）与 IfcMaterial（材料实体）关联。IfcRelAssociateMaterial 的第六个属性 RelateObjects 表达了需要赋予材料信息的语义内容，可以赋予一个或多个构件。梁其余的反属性及其作用见表 7-3。

IfcBeam 反属性汇总表　　　　　　　　　　　　　　　　表 7-3

| 属性名称 | 属性解释 | 作用 |
| --- | --- | --- |
| HasAssignments | **SET OF** IfcRelAssigns **FOR** RelatedObjects | 引用关系实体，表达 IfcObject 与它的子类之间的关系 |
| Nests | **SET** [0：1] **OF** IfcRelNests **FOR** RelatedObjects | 描述部分和整体的组合关系中的整体 |
| isNestedBy | **SET OF** IfcRelAssigns **FOR** RelatingObject | 描述部分和整体的组合关系中的整体 |
| HasContext | **SET** [0：1] **OF** IfcRelDeclares **FOR** RelatedDefinitions | 描述项目的环境，最上层的非空间对象 |
| IsDecomposedBy | **SET OF** IfcRelAggregates **FOR** RelatingObject | 定义整体与局部的关系，指向局部 |
| Decomposes | **SET** [0：1] **OF** IfcRelDecomposes **FOR** RelatedObjects | 定义整体与局部的关系，指向整体 |
| HasAssociations | **SET OF** IfcRelAssociates **FOR** RelatedObjects | 定义了资源层与实体之间的关系指向实体 |
| IsDeclaredBy | **SET** [0：1] **OF** IfcRelDefinesByObject **FOR** RelatedObjects | 描述实体 ObjectType 与 Object 之间的关系，指向 Object |
| Declares | **SET OF** IfcRelDefinesByObject **FOR** RelatingObject | 描述实体 ObjectType 与 Object 之间的关系，指向 ObjectType |
| IsTypedBy | **SET** [0：1] **OF** IfcRelDefinesByType **FOR** RelatedObjects | 定义对象实体与其类型的关系，指向实体 |
| IsDefinedBy | **SET OF** IfcRelDefinesByProperties **FOR** RelatedObjects | 用于属性信息与实体之间的关系描述，指向实体 |
| ReferencedBy | **SET OF** IfcRelAssignsToProduct **FOR** RelatingProduct | 定义了 IfcProduct 子类型与 IfcObject 子类型之间的关系 |

续表

| 属性名称 | 属性解释 | 作用 |
|---|---|---|
| FillsVoids | SET [0：1] OF IfcRelFillsElement FOR RelatedBuildingElement | 描述实体的填充关系，指向母体单元 |
| ConnectedTo | SET OF IfcRelConnectsElements FOR RelatingElement | 定义实体之间的连接关系，指向子单元 |
| IsInterferedBy-Elements | SET OF IfcRelInterferesElements FOR RelatedElement | 表达两个对象之间相互介入关系，指向被介入对象 |
| InterferesElements | SET OF IfcRelInterferesElements FOR RelatingElement | 表达两个对象之间相互介入关系，指向介入对象 |
| HasProjections | SET OF IfcRelProjectsElement FOR RelatingElement | 定义增加一个特征属性 IfcBuildingElement |
| ReferencedIn-Structures | SET OF IfcRelReferencedInSpatialStructure FOR RelatedElements | 定义构件单元的空间结构关系 |
| HasOpenings | SET OF IfcRelVoidsElement FOR RelatingElement | 定义在对象上开一个或多个孔 |
| IsConnection-Realization | SET OF IfcRelConnectsWithRealizingElements FOR RealizingElements | 定义对象之间的关联关系，将对象分配给另外一个对象 |
| ProvidesBoundaries | SET OF IfcRelSpaceBoundary FOR RelatedBuildingElement | 定义了对象的空间边界 |
| ConnectedFrom | SET OF IfcRelConnectsElements FOR RelatedElement | 描述了对象之间的相互引用关系 |
| ContainedInStructure | SET [0：1] OF IfcRelContainedInSpatialStructure FOR RelatedElements | 描述对象空间从属关系 |
| HasCoverings | SET OF IfcRelCoversBldgElements FOR RelatedElement | 定义建筑对象具有的表面类型 |

下面以窗建筑构件为例，详细说明在 IFC 标准中构件语义信息描述形式。窗是建筑物中最常见的构件，用来流通空气和带入光线。IFC 中使用 IfcWindow 表示窗这一语义类别，其 IFC 中定义的语义属性信息如图 7-7 所示。

在 IFC 标准中 IfcWindow 构件实体包含 Window Attributes（窗口属性）、Window Type（窗口类型）、Window Classification（窗口分类）、Window Material（窗户材料）、Window Properties（窗口性能）、Window Base Quantities（窗口的基本数量）、Spatial Container（空间容器）和 Space Boundary（空间边界）。其中窗口属性包括窗的 GUID 编号、窗的名称和描述信息，是描述窗口的基本属性信息，窗口的数量包括窗的宽度、高度和面积，空间容器指窗户位于建筑空间的包含关系。通过上述属性内容，共同定义了 IfcWindow 构件实体的语义概念。

下面通过具体例子说明在 IFC 标准中是如何表示 IfcWindow 构件实体。

＃32713 = IFCWINDOW('1vrYFCrAH8_9iz＄3bLfslg',＃41,'\X2\9632706B7A97\X0\-\X2\63A862C9\X0\-\X2\53CC94A26247\X0\-\X2\5C454E2D\X0\:LC1515:3406670',＄,'LC1515',＃187380,＃32707,'3406670',1500.,1500.);

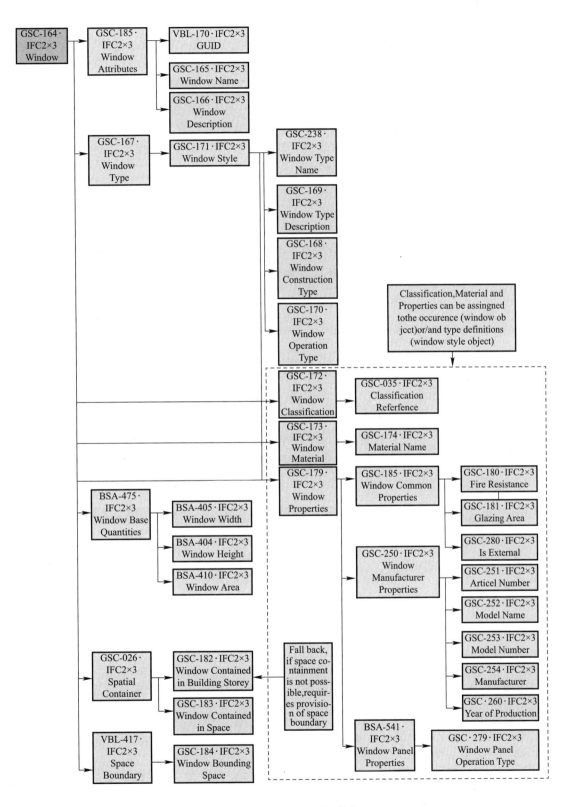

图 7-7　IfcWindow 属性信息

"♯32713"是 IfcWindow 的行号。等号后的 IfcWindow 是该 BIM 实体的类，也就是其语义信息，表明该 BIM 实体描述一个＼窗户对象。IfcWindow 的内部属性由逗号分隔，共有 10 个属性。实例的第一个参数"1vrYFCrAH8_9iz＄3bLfslg"是 IfcWindow 的 GUID。"♯41"指的是 IfcOwnerHistory 实例。"＼X2＼9632706B7A97＼X0＼-＼X2＼63A862C9＼X0＼-＼X2＼53CC94A26247＼X0＼-＼X2＼5C454E2D＼X0＼:LC1515:3406670"是 IfcWindow 对象的名称。在 IFC 标准中，非英文字符以＼X2＼开始，以＼X0＼结束，并采用 UTF-8 进行编码。在 UTF-8 编码中，每个汉字由 4 个字节组成，即每四个字符描述一个汉字。对 UTF-8 的汉字进行解码后，"＼X2＼9632706B7A97＼X0＼"将还原回"防火窗"。第三个属性表示该 IfcWindow 的描述信息。"＄"表示该 IfcWindow 对象无描述信息。第四个属性"LC1515"是实例的类型，此处是 IfcWindow 实例的型号。"♯187380"引用了一个 IfcLocalPlacement 实例，它定义了窗户的坐标。"♯32707"是一个 IfcProductDefinitionShape 实例，定义了窗的形状表示。"3406670"属于标识信息，是对 IfcWindow 实例定义的一个标识参数。"1500.，1500."共同定义了窗的高度和宽度参数。

## 7.3　BIM 语义配置

上节对语义和 BIM 语义进行了简单介绍，并了解了在 IFC 中建筑构件语义信息的类型及其属性。本节从建模软件的角度出发，介绍如何通过 BIM 建模软件配置并导出 BIM 语义。

### 7.3.1　BIM 构件语义配置

BIM 模型构件的语义信息可通过实用工具 BIM 设计软件 Revit 添加，如图 7-8 所示，在 Revit 软件中定义了多种常用构件类别，例如墙、门、窗等，通过添加构件可在 BIM 模型中添加相应的构件语义类目。

图 7-8　Revit 中构件类别

在不同的构件类别下，其包含的属性信息是不同的，如图 7-9 所示，在 Revit 中门构件中包括了大量属性信息，例如标高、材质、高度等。在 Revit 软件中可通过左侧构件的属性栏为 BIM 模型增加或修改构件的属性，在软件中修改相应构件的参数值后，对应的在 IFC 文件中也会修改。

修改后的 BIM 模型通过点击"Revit 图标——导出——IFC"的顺序将模型导出成 IFC 格式，如图 7-10 所示。

此时需要注意的是，由于 Revit 是 BIM 模型设计软件，其对构件的语义定义和 IFC 标准中的语义定义不同，因此从 Revit 中导出成 IFC 格式时，需对 Revit 中定义的类别设置符合 IFC 标准中对该构件的定义类型。如图 7-11 所示为在 Revit 中设置 IFC 类型。

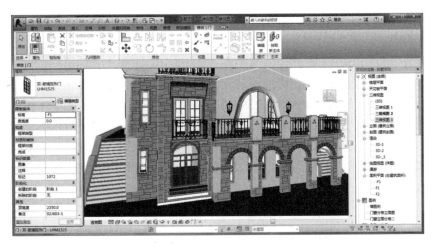

图 7-9　Revit 中门的属性信息

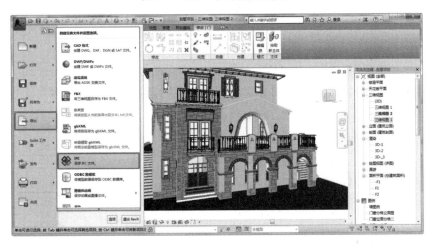

图 7-10　在 Revit 中导出 IFC 格式

| Revit 类别 | IFC 类名称 | IFC 类型 |
| --- | --- | --- |
| 门 | IfcDoor | |
| Architrave | { IfcDoor } | |
| Elevation Swing | { IfcDoor } | |
| Hardware | { IfcDoor } | |
| Ironmongery | { IfcDoor } | |
| Moulding/Architrave | { IfcDoor } | |
| Plan Swing | { IfcDoor } | |
| Structural Opening | { IfcDoor } | |
| 五金件 | { IfcDoor } | |
| 五金器具 | { IfcDoor } | |
| 卷帘门 | { IfcDoor } | |
| 外框 | { IfcDoor } | |
| 嵌板 | IfcDoor | |
| 平面开门方向 | { IfcDoor } | |
| 平面打开方向 | { IfcDoor } | |
| 成型件/楣梁 | { IfcDoor } | |
| 架空线 | { IfcDoor } | |
| 框架/竖梃 | IfcDoor | |

载入 (L)...
标准
另存为 (A)...

确定　　取消　　帮助

图 7-11　IFC 类导出设置

导出后的 IFC 文件按照 IFC 标准定义的实体、引用和继承关系可以表示 BIM 模型的全生命周期的信息。在 IFC 文件中图 7-9 所示的门构件的信息如图 7-12 所示，其具体表示成一个编号为＃58822 的门构件，其属性包括 GlobalID "36zUrdCm10TQ687Kpgdjkf"、name "\X2\53CC\X0\-\X2\73BB74835F275F6295E8\X0\:LHM1525:2782662"、OwnerHistory "＃41" 等。并通过 "＃58830" "＃58860" "＃58875" 等关联实体将其他属性与编号＃58822 的门构件实体关联，最终完成此构件门实体全部语义信息的表达。

图 7-12　IFC 中门的属性信息

在 IFC 文件中无法显示中文字符，如图 7-13 中门构件的 name 中 "\X2\53CC\X0\" 表示的内容实际为中文，这为我们理解和阅读 IFC 文件增加了难度，同时 IFC 文件中数据数量大、解读难，因此需借助其他方法解析 IFC 文件。

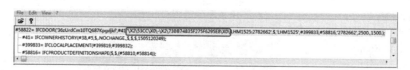

图 7-13　IFC 中文表示形式

将此项目模型的 IFC 格式文件上传至小红砖，开发平台进行解析，由平台的文件数据中心可以看到构件所有属性信息，如图 7-14 所示。通过解析后的数据查询可知 GlobalID 为 "36zUrdCm10TQ687Kpgdjkf" 的门构件，name 为 "双-玻璃弧形门：LHM1525：2782662"。

图 7-14　门的属性信息

### 7.3.2　BIM 项目空间语义配置

通过 7.2 节的学习，我们知道在 IFC 标准中除了构件语义还定义了建筑项目的空间语义信息，对应地在 Revit 软件中，我们也可通过点击"项目信息"查看建筑项目的属性，如图 7-15 所示。

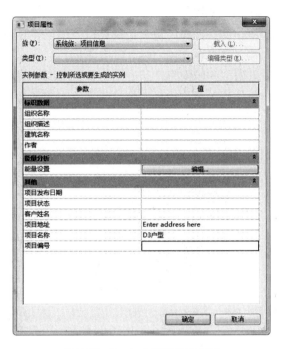

图 7-15　Revit 中项目属性信息

导出为 IFC 格式文件后，该建筑的项目语义信息如图 7-16 所示。由 IFC 标准定义规则，任意建筑项目有且仅有一个"IfcProject"，此处对应为编号♯94 的工程实体。

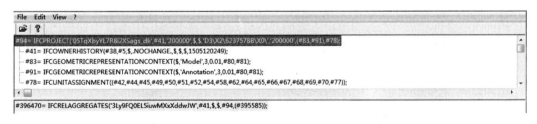

图 7-16　IFC 中项目属性信息

在小红砖开发平台中解析后，通过文件数据中心可获取解析后 IFC 文件中有关项目属性信息描述的内容。

## 7.4　BIM 语义应用开发——基于语义的 BIM 构件查询

本节基于知屋安砖开发平台，介绍基于语义的 BIM 构件查询示例系统应用开发。

### 7.4.1　案例功能及需求分析

该应用案例将基于 BIM 空间语义和构件语义的构件查询功能实现构件检索。其最终展示形式如图 7-17 所示，包括四个主要功能：

（1）模型可视化。进入该应用后，应用将直接加载 BIM 的三维模型。

（2）基于语义的构件查询。在界面的左上角包括楼层和构件类的下拉选择。用户可以通过下拉框选择待查询构件所在的楼层及其类别。此时，检索的构件将返回指定楼层或类别的构件。

（3）基于关键词的构件查询。界面还包含关键词输入框以供用户输入待检索构件的可能名称。此时，检索的构件名称将包含用户输入的关键词。

（4）高亮检索结果。点击"开始搜索"后，当查询正确时，高亮显示此构件；当查询错误时，页面提示"当前条件下无对应构件，请重新选填查找条件"。

图 7-17　查询功能示例

### 7.4.2　Web API

从应用示例的功能可知，用户进入查询界面后，需要从下拉框中选择该模型所有的楼层信息和所有的构件类别信息，以供用户选择待查询构件所在的楼层和类别。同时，点击"开始搜索"按钮，还需要根据楼层、构件类和构件名称查找构件。因此，该应用示例所需的主要包含三个 Web API 接口。

1. 获取所有楼层信息接口

BIM 模型的楼层由 IfcBuildingStorey 进行定义。因此，要获取所有楼层信息，只需要根据 IfcBuildingStorey 语义筛选该 BIM 模型的所有实体即可。其所用的接口为：获取模型某类构件基本信息（https://webapi.zhuanspace.com/models/{filekey}/components/{type}）。

该接口所需的路径参数定义见表 7-4：

接口所需路径参数　　　　　　　　　　　　　　　　　　　　　　　表 7-4

| 字段 | 类型 | 必填 | 描述 | 示例 |
|---|---|---|---|---|
| filekey | String | Y | BIM 模型的文件 key | 3705436 |
| type | String | Y | 构件类型 | IfcBuildingStorey |

该接口返回数据的格式定义见表7-5：

**接口返回数据的格式**　　　　　　　　　　　　　　　　　表 7-5

| 字段 | 类型 | 描述 | 示例 |
|---|---|---|---|
| id | String | 当前构件存于数据库的路径标识（id） | components/994696_0L7＄U_7Yf58PkHuKseZNE0 |
| key | String | 构件 key，当前构件存于数据库的唯一标识（key） | 994696_0L7＄U_7Yf58PkHuKseZNE0 |
| guid | String | 当前构件在 IFC 文件内的唯一标识 | 0L7＄U_7Yf58PkHuKseZNE0 |
| name | String | 当前构件的名称 | 族1：族1：313831 |
| matrix | Array | 为当前构件从构件坐标转向世界坐标的空间变换矩阵 | ［1.0，0.0，0.0，0.0，0.0，1.0，0.0，0.0，0.0，0.0，1.0，0.0，－4255.50341796875，2140.68505859375，0.0，1.0］ |
| geometry | String | 几何 key，当前构件对应几何文件的文件名（key） | Z3JvdXAxLE0wMC8wMC8xMC93S2dKQzzF0QUhxYUFVV2NNNQUFBTlo2N2NBQVVU3Ni5qc29u |
| type | String | 当前构件所属的类型 | IfcBuildingElementProxy |
| lineid | Number | 当前构件在 IFC 文件内对应的行号 | 335 |
| model | String | 当前模型存于数据库的路径标识（id） | files/994696 |
| parent | String | 父级构件，当前构件的父结点标识（key） | 994696_1YPJCklZPD＄vyYiJVPDps3 |
| children | Array | 当前构件的子结点 key 列表 | ［"5748527_0sK_GFa697WPb71pwtgMVO"，"5748527_0sK_GFa697WPb71pwtgNaR"］ |
| systemtype | String | 当前构件所属的系统类型 | 家用热水 |

**2. 获取所有构件类别信息接口**

BIM 模型的所有构件类别信息可以直接通过"获取模型下所有构件类型"接口（https://webapi.zhuanspace.com/models/{filekey}/types）取得。

该接口所需的路径参数定义见表7-6：

**路径参数**　　　　　　　　　　　　　　　　　　　　　表 7-6

| 字段 | 类型 | 必填 | 描述 | 示例 |
|---|---|---|---|---|
| filekey | String | Y | BIM 模型的文件 key | 3705436 |

该接口返回数据的格式定义见表7-7：

**接口返回数据的格式**　　　　　　　　　　　　　　　　　表 7-7

| 字段 | 类型 | 描述 | 示例 |
|---|---|---|---|
| data | Array | 当前模型下所有构件类型列表 | ["IfcFlowFitting","IfcFlowSegment","IfcFlowTerminal"] |

**3. 构件查询接口**

BIM 构件查询可以使用"查询指定条件构件列表"接口（https://webapi.zhuanspace.com/models/{filekey}/components/！query）。由于本应用示例的查询条件主要包括楼层、构件类型和关键词。因此，该接口后的参数信息也主要是该三类信息。

该接口所需的路径参数定义见表7-8：

路径参数

表 7-8

| 字段 | 类型 | 必填 | 描述 | 示例 |
|---|---|---|---|---|
| filekey | String | Y | BIM 模型的文件 key | 3705436 |

该接口所需的参数定义如表 7-9：

参数的定义

表 7-9

| 字段 | 类型 | 必填 | 描述 | 示例 |
|---|---|---|---|---|
| component | String | N | 该楼层下的 key 值，用于查询楼层下构件 key 列表 | 4061074_1EiJUle6DFuPmXnuP9rHRS |
| type | String | N | 构件所属类型，用于查询构件类型下构件 key 列表 | IfcFlowFitting |
| name | String | N | 构件名称，用于查询构件名称下构件 key 列表 | 楼梯 |

由于该接口返回所查找构件的完整基本信息，其返回数据格式与"获取模型某类构件基本信息"接口返回数据格式相同。

### 7.4.3 三维引擎接口

该应用案例所需的三维引擎接口主要包括两个：查询界面绘制和查询构件高亮显示。

#### 1. 查询界面绘制

该应用案例需要在三维界面上嵌入左上角的查询交互信息窗口。其所用到的三维引擎接口为"添加标签"（addMark）。addMark 函数旨在为整个三维模型或者指定的构件添加标签，显示模型或具体构件的特定信息。

该接口的主要参数信息见表 7-10：

主要参数

表 7-10

| 名称 | 描述 | 类型 | 必填 | 示例 |
|---|---|---|---|---|
| param1 | param1 可以是构件 key 或者 null； | string\|null | 是 | ' BuildingIOT _ instruction _ 0wGEmGmG528Pmpk3P8MJsl' |
| param2 | param1 是构件的 key，param2 可以是相对于构件的位置昵称的可选值，可选值有：'left'-左，'right'-右，'top'-上，'down'-下，'front'-前，'back'-后；param1 是构件的 key，param2 可以是距离构件的相对位置；param1 是 null，param2 可以是标签在屏幕中的二维坐标系值，例如：{x：100，y：100} | string\|object | 是 | {x：100，y：100} |
| param3 | param1 是构件的 key，param3 可以是内置的标签名称或者用户传入的标签地址；param1 是构件的 key，param3 可以是 html 字符串；param1 是 null，param3 可以是以'html：开头的 html 字符串 | mark | 是 | 'm-arrow1' |
| param4 | param4 是标签的配置参数 | obejct | 否 | {} |
| param4.distance | 标签中位置昵称相对于物体表面的距离。默认是 0 | number | 否 | {diatance：10} |

续表

| 名称 | 描述 | 类型 | 必填 | 示例 |
|---|---|---|---|---|
| param4.scale | 标签的缩放比例。默认是 1 | number | 否 | {scale：0.1} |
| param4.alwaysVisible | 标签是否始终可见。默认为 true。true-可见，false-不可见 | boolean | 否 | {alwaysVisible：false} |
| param4.success | 标签添加成功后执行的回调函数，传递了标签的 key | 函数或 function | 否 | {success：function（markkey）{}} |

需要注意的是，当 param1 的值为 null 或指定的构件 kcy 不存在时，addMark 将为整个三维画布添加标签。

addMark 的一个简单示例如下：

view. addMark（"BuildingIOT_instruction_0wGEmGmG528Pmpk3P8MJsl"，"top"，"html：<div>人体工学座椅</div>"）；

此 时，BIM 构 件 "BuildingIOT _ instruction _ 0wGEmGmG528Pmpk3P8MJsl"将 显 示 "人 工 学 座 椅"的标签（图 7-18）。

图 7-18　标签示例

2. 查询构件高亮显示

当用点击"开始搜索"按钮后，系统通过 Web API 获取所检索到的 BIM 构件；此时，需要高亮检索到的所有 BIM 构件。该功能用到的三维引擎接口为"设置构件高亮"（setHighlight）。该接口将以绿色凸显所设置的高亮构件，并聚焦显示该高亮构件。

该接口的主要参数信息见表 7-11：

主要参数　　　　　　　　　　　　　　　　表 7-11

| 名称 | 描述 | 类型 | 必填 | 示例 |
|---|---|---|---|---|
| keys | 构件的 key 列表 | array | 是 | ['10001'] |

setHighlight 的一个简单示例为："component. setHighlight（['10001']）；"。此时，key 为 10001 的 BIM 构件将被高亮显示。

### 7.4.4　系统实现

依据上述功能和接口分析，本应用示例的实现主要包含三个步骤：界面初始化、数据初始化和构件查询。

1. 界面初始化

界面初始化主要实现三维模型的加载和查询界面的绘制。三维模型的加载可以直接参考前述章节 BIM Web 可视化部分内容，不再一一赘述。本小节将重点介绍使用 addMark 函数在三维视图中绘制查询交互界面。

addMark 函数支持直接在三维视图中绘制 html 标签。因此，首先根据界面的最终效果，使用 html 设计界面。

创建检索区域，分别加入楼层、构件类、构件内容和检索按钮的检索区域，使用 addMark 函数就可以直接将设计好的检索区域样式显示在界面前端。

其代码如下：

```
//关键词检索框
var s_keyword = '<div class = "layui-input-block">构件名称：<input type = "
text" id = "txtQ" required lay-verify = "required" placeholder = "请输入构件名
称" autocomplete = "off" class = "layui-input"></div>';

//构建类检索框
var s_type = '<div class = "layui-form-item">构件类<div class = "layui-in-
put-block" id = "list1"><select id = "sel_type" lay-filter = "aihao"><op-
tion value = "0">--</option></select></div>';

//楼层检索框
var s_floor = '<form class = "layui-form"><div class = "layui-form-item">
楼层<div class = "layui-input-block" id = "list2"><select id = "sel_floor" lay-
filter = "aihao"><option value = "0">--</option></select></div>';

//检索按钮
var s_button = '<input type = "button"class = "btn btn-info" id = "btnDo" val-
ue = "搜索"/>';

//将 html 元素添加到三维界面
view.addMark(null,{x:20,y:350},s_button);
view.addMark(null,{x:20,y:300},s_keyword);
view.addMark(null,{x:20,y:250},s_type);
view.addMark(null,{x:20,y:200},s_floor);

//添加按钮和列表的点击事件
$("#btnDo").click(function(){search();});
$("#list1").click(function(){refresh_type();});
$("#list2").click(function(){refresh_floor();});
```

（1）关键词检索框：这段代码定义了一块 CSS 样式名为 "layui-input-block" 的 <div>
区域。在该 <div> 区域，首先用 "构件名称" 四个字来提示接下来的输入框的含义。其次，
在该区域中定义了一个文本类型为 "text"，id 名称为 "txtQ"，需要进行放置确认（required
lay-verify="required"），缺省内容为 "请输入构件名称"，自动补全内容为 "off" 并且 CSS
样式名为 "layui-input" 的输入框。整段代码作为一个字符串赋值给了变量 "s_keyword"。

（2）构建类检索框：这块代码首先定义了一个 CSS 样式名为 "layui-form-item" 的
<div> 区域，其中以 "构件类" 三个字提示接下来的内容。在上一个 <div> 中嵌套定义了

一个＜div＞区域，该区域的 CSS 样式名为 "layui-input-block"，id 为 "list1"，在里面一层的＜div＞区域嵌套定义了一个下拉框，其 id 为 "sel_type"，区分为 "aihao"，其中只有一个选项 "--"，且该选项对应的 value 为 "0"。整段代码作为一个字符串赋值给了变量 "s_type"。

（3）楼层检索框：这块代码首先定义了一个表单＜form＞，其 CSS 样式名为 "ayui-form"，在表单 form 里面嵌套定义了两个 CSS 样式分别为 "layui-form-item"，"layui-input-block" 的＜div＞，其中里面一层的＜div＞对应 id 为 "list2" 用于标识该＜div＞，且在该层＜div＞定义了一个 id 为 "sel_floor"，区分为 "aihao" 的下拉框，其中只有一个选项 "--"，且该选项对应的 value 为 "0"。整段代码作为一个字符串赋值给了变量 "s_floor"。

（4）检索按钮：这段代码定义了一个＜input＞元素，该元素类型为按钮 "button"，其对应的 CSS 样式为 "btn btn-info"，id 为 "btnDo"，按钮名称为 "搜索"。整段代码作为一个字符串赋值给了变量 "s_button"。

（5）将 html 元素添加到三维界面：这段代码第一行将 "搜索" 按钮加入到三维视图距左上角水平距离为 20px，垂直距离为 350px 的位置。第二行将 "关键词检索框" 加入到三维视图距左上角水平距离为 20px，垂直距离为 300px 的位置。第三行将 "构建类检索框" 加入到三维视图距左上角水平距离为 20px，垂直距离为 250px 的位置。第四行将 "楼层检索框" 加入到三维视图距左上角水平距离为 20px，垂直距离为 200px 的位置。

（6）添加按钮和列表的点击事件：第一行代码为 "搜索" 按钮添加点击事件，只要按钮被点击就执行 search（）函数。第二行代码为 id 为 "list1" 的＜div＞块添加点击事件，只要该区块被点击就执行 refresh_type（）函数。第三行代码为 id 为 "list2" 的＜div＞块添加点击事件，只要该区块被点击就执行 refresh_floor（）函数。

2. 数据初始化

数据初始化是通过 Web API 的获取楼层信息接口和获取所有构件类别信息接口来得到该 BIM 模型的楼层信息和构件类型，将数据内容返回给界面前端进行显示。

其代码如下：

```
//获取模型楼层信息数据
function refresh_floor(){
    var select_url =
    'https://webapi.zhuanspace.com/models/1565599146/components/IfcBuild-
ingStorey? devcode = 29bfac94a80daa74c384afc5b948e170';
  htmlobj = $.ajax({ url:select_url,async:false });
  var obj = htmlobj.responseText.data;
   $('# sel_floor').empty();
   $('# sel_floor'). .appendChild(new Option("--","0"));
  for(var d in htmlobj.responseJSON.data){
      var item = htmlobj.responseJSON.data[d];
      $('# sel_floor').appendChild(new Option(item.name,item.key));
  }
}
```

```
function refresh_type(){
    var select_url =
     'https://webapi. zhuanspace. com/models/1565599146/types? devcode =
29bfac94a80daa74c384afc5b948e170';
   htmlobj = $ .ajax({ url:select_url,async:false });
   var obj = htmlobj. responseText. data;
   $ ('# sel_type'). empty();
   $ ('# sel_type'). .appendChild(new Option("--","0"));
   for(var d in htmlobj. responseJSON. data){
       var item = htmlobj. responseJSON. data[d];
       $ ('# sel_type'). appendChild(new Option(item. name,item. key));
   }
}
```

这块代码第一个函数：refresh_floor（）中，第一行定义了一个变量名为 select_url 的 url，第四行定义了一个同步向 select_url 发送的 ajax 请求，第五行将上一行的 ajax 请求的响应文本的 data 赋值给 obj，第六行移除 id 为 sel_floor 的下拉框的所有子节点和内容，第七行为 sel_floor 下拉框添加选项"--"，对应 value 为 0。第八行的 for 循环为将上面 ajax 的请求的结果添加到 sel_floor 下拉框。

第二个函数：refresh_type（）中，第一行定义了一个变量名为 select_url 的 url，第四行定义了一个同步向 select_url 发送的 ajax 请求，第五行将上一行的 ajax 请求的响应文本的 data 赋值给 obj，第六行移除 id 为 sel_type 的下拉框的所有子节点和内容，第七行为 sel_type 下拉框添加选项"--"，对应 value 为 0。第八行的 for 循环为将上面 ajax 的请求的结果添加到 sel_type 下拉框。

3. 构件查询

构件查询通过调取 Web API 的构件查询接口，获取相应的 BIM 构件数据，将数据和用户在检索框输入的内容和选择条件进行匹配，主要检索条件就是楼层信息、构件类别和构件名称。最后通过 setHighlight 将检索出的构件进行高亮显示。

其代码如下：

```
function do_search(){
   var search_url =
    'https://webapi. zhuanspace. com/models/1565599146/components/! query?
devcode = 29bfac94a80daa74c384afc5b948e170&name = ';
   var name = document. getElementById('txtQ'). value;
   var s_url = search_url + name;
   htmlobj = $ .ajax({ url:s_url,async:false });
   var obj = htmlobj. responseText. data;

   var ids = [];//检索数据
   for(var d in htmlobj. responseJSON. data){
```

```
        var item = htmlobj.responseJSON.data[d];
        ids.push(item.key);
    }
view.resetScene({
        view:false,
        visible:true,
        selected:true,
        transparent:true,
        colorfully:true,
    });
    var component = app.component;
    component.setHighlight(ids);
}
```

这块代码为函数 do_search（）的主体，第一行定义了一个 url，第四行获取 id 为 "txtQ" 的元素的 value 并将其赋值给变量 name，第五行将前面的 search_url 和 name 拼接成一个完整的 url，第六行定义了一个同步向 select_url 发送的 ajax 请求，第七行将上一行的 ajax 请求的响应文本的 data 赋值给 obj。第 10 行的 for 循环块将上面的 ajax 请求解析出所有的 key，并将其按顺序加入到数组 ids 中。view.resetScene（）表示将界面按照参数内容重置场景。接下来的代码是获取所有构件，并且按照数组 ids 的 key 将所有构件高亮。

通过上述代码，将代码整合运行，可实现对 BIM 模型构件功能的查询效果，通过对 BIM 构件的查询可观察不同构件包含的语义信息。如图 7-19 所示，查询该模型一层所包含的所有门构件，其效果如图 7-19 所示。

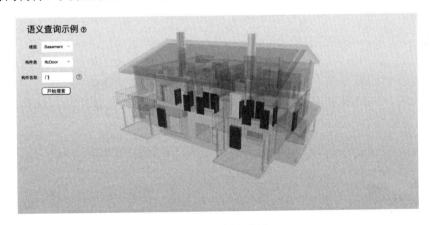

图 7-19　查询示例

## 7.5　BIM 语义应用展望

BIM 模型中构件所具有的语义信息丰富了建筑工程领域的发展，BIM 模型的语义有助于缓解互操作问题。BIM 语义在建设项目的全生命周期中有了初步的应用，包括设计、施工和运维阶段。

**1. 设计阶段**

BIM 语义丰富在设计阶段主要应用于自动化设计审查、消防安全设计等方面。设计审查通常要求用户在使用商业模型检查系统对模型数据进行规范化，在上述过程中被应用于提高自动化的程度，便于满足特定检查工具的信息需求。

**2. 施工阶段**

在施工阶段主要应用于质量、进度和安全等方面的监控和管理。BIM 被用于共享和更新在施工过程中生成的信息，虽然基于 IFC 的数据交换已经取得了一定的进展，但尚未实现完全有效的互操作性。在进度监控方面，BIM 语义被用于自动更新建筑的 BIM 模型，便于准确有效地跟踪、分析和可视化在建筑物的实际施工状态。此外，在 3D 重建的施工进度中 BIM 的语义信息也有应用，在 3D 重建的初始模型中没有全面的语义信息，这阻碍了进度监控的实施。在安全监控方面，BIM 数据需要根据建筑环境的不同更新环境，尤其是施工现场工人的时空轨迹信息，这对现场的安全决策具有重要意义。

**3. 运维阶段**

BIM 语义信息可应用在运维阶段的建筑物能耗性能评估、历史建筑维护、缺陷检测等方面。对于能耗性能评估而言，BIM 语义丰富是在能耗仿真前进行的，主要体现在建筑对象识别和语义信息添加以满足特定能耗仿真平台的语义需求，提高互操作性。在历史建筑维护方面，历史建筑信息模型（Historic Building Information Modeling，HBIM）被用于支持文化遗产建筑、建筑群及其相关信息的语义知识存储。应用 BIM 的语义信息是为了将获取到的多源语义信息（如建筑材料的颜色、纹理、环境气候等）整合到 HBIM 中，并不断进行更新和改进，使其满足历史建筑语义表示的要求，并促进历史建筑生命期中的信息和知识管理。在缺陷检测方面，BIM 语义丰富已经被应用于非接触式缺陷检测所涉及的对象识别中。

# 习　题

1. 结合某个 BIM 模型，分析不少于 5 类 BIM 实体的属性信息。

2. 实现一个 BIM 算量系统，输出不同类型 BIM 构件的数量或其他体量。例如，输出：同一类门的数量，同一类型墙的总面积和体积等。

# 第 8 章 BIM 实体关系及其应用开发

实体关系是 BIM 普遍存在且极为重要的一类数据。本章将介绍 BIM 实体关系及其分类，BIM 实体关系描述，重点讲述 BIM 的空间关系与连接关系。最终，以 BIM 模型空间导览和 BIM 管道连接两个示例介绍 BIM 实体关系的应用开发。

## 8.1 BIM 实体关系及其描述

在建筑工程中，不同构件之间存在着多种多样的连接。例如，两个房间之间存在着空间相邻关系，两个管道之间存在着前后连接关系等。BIM 也对建筑工程中的各类关系进行了详细定义。

### 8.1.1 BIM 实体关系分类

在 BIM 中，IfcRelationship 描述了不同类型的 BIM 实体关系。具体来说，IFC 标准定义了 5 种基本类型的关系，分别是：组成（Composition）、分配（Assignment）、连接性（Connectivity）、关联（Association）和定义（Definition）。这五种类型分别由 IfcRelationship 的子类 IfcRelDecomposes，IfcRelAssigns，IfcRelConnects，IfcRelAssociates 和 IfcRelDefines 进行描述，其继承层次结构如图 8-1 所示。

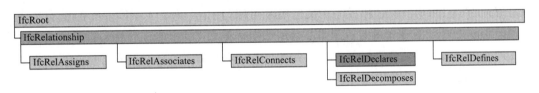

图 8-1 IfcRelationship 关系分支图

（1）IfcRelDecomposes 定义 BIM 实体分解关系，是组合或分解元素的一般概念。分解关系表示整体/零件层次结构，具有从整体（构图）导航到零件的功能。分解可以通过要求整体及其部分具有相同的类型来加以限制，从而建立嵌套关系。结构的分解意味着构件间的相互依赖，即整体的定义取决于部分的定义，而各部分则取决于整体的存在。可以以递归的方式应用分解关系，分解的元素可以成为另一分解的一部分。例如，一个成本项目可以包含在其他项目中，或者一个结构框架可以被认为是梁和柱的集合。

IfcRelDecomposes 又 包 含 IfcRelAggregates、IfcRelNests、IfcRelProjectsElement 和 IfcRelVoidsElement4 个子类，其继承层次如图 8-2 所示。

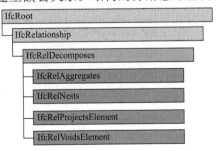

图 8-2 IFC 标准中分解关系的架构图

（2）IfcRelAssigns 定义 BIM 实体之间的分配关系，是 IfcObject 及其各一级子类的 BIM 实体之间"链接"关系的概括。具体地，IfcRelAssigns 描述两种特点的链接关系：①一个 BIM 实体通过特定关联使用其他 BIM 实体的服务；②一个 BIM 实体通过该关联链接到其他 BIM 实体。也即，当一个 BIM 实体需要另一个 BIM 实体的服务时，就会产生明确的分配关系。例如，当将某个资源分配给一个对象，可以通过分配关系 IfcRelAssignsToResource 在 IfcResource 和 IfcBuildingElement（IfcProduct 的子类型）之间建立链接来接收代表真实建筑产品性质的信息。

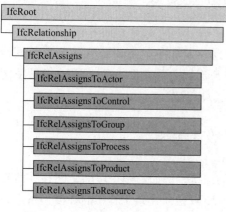

图 8-3　IFC 标准中分配关系的架构图

IfcRelAssigns 包含 6 个子类，分别是：IfcRelAssignsToActor、IfcRelAssignsToControl、IfcRelAssignsToGroup、IfcRelAssignsToProcess、IfcRelAssignsToProduct 和 IfcRelAssignsToResource，其继承层次关系如图 8-3 所示。

（3）IfcRelConnects 定义在某些条件下连接对象之间的连接关系。例如图 8-4 中的 IfcRelconnectElement 定义了梁与楼板或支撑在楼板上的隔墙间的连接关系。作为一般的连接性，它并不意味着构件间的相互约束，关系的子类型定义了连通性关系的适用对象类型和特定连通性的语义。

（4）IfcRelAssociates 定义信息源（如分类、库、文档、批准、约束或材料等）与 BIM 实体或其属性的关联关系。关联的信息可以存储在 BIM 数据的内部或外部。关联关系是单向的，且不含任何依赖关系。关联关系可以与 BIM 实体（IfcObject 的子类）或类型（IfcTypeObject 的子类）建立关联关系。例如，通过 IfcRelAssociates 的子类，建立建筑物内特定空间的分类信息与 IfcSpace 实体（IfcObject 的子类）的关联，从而实现特定空间的定义。

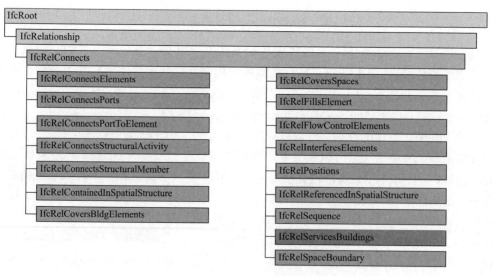

图 8-4　IFC 标准中连接关系的架构图

IfcRelAssociates 包含 IfcRelAssociatesApproval、IfcRelAssociates Classification、Ifc RelAssociates-Constraint、IfcRelAssociatesDocument、IfcRelAs-sociatesLibrary、IfcRelAssociatesMaterial 和 Ifc-RelAssociatesProfileDef 等子类，其继承层次如图 8-5 所示。

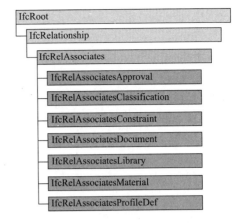

图 8-5　IFC 标准中关联关系的架构图

（5）IfcRelDefines 是一种允许对象实例继承属性集的关系。例如，在 BIM 模型中的几个窗户构件是同一种类型（属于同一目录或制造商）。这些窗户可以通过 IfcRelDefines 的子类 IfcRelDe-finesByType 共享相同的信息。具体地，IfcRelDe-finesByType 将 IfcWindowStyle 指定给多次出现的 IfcWindow，从而将 IfcPropertySet 分配给 IfcFurnishingElement 的一个或多个实例。

IfcRelDefines 包含 IfcRelDefinesByObject、IfcRelDefinesByProperties、IfcDelDefines-ByTemplate 和 IfcRelDefinesByType 等子类，其继承层次如图 8-6 所示。

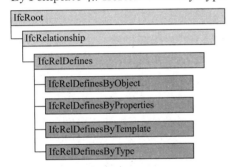

图 8-6　IFC 标准中属性关系的架构图

（6）IfcRelDeclares 声明项目（IfcProject）或项目库（IfcProjectLibrary）的对象（IfcObject 子类）或属性（IfcPropertyDefinition 子类），主要处理其他对象（如 IfcActor 或 IfcTypeObject）对项目或项目库的分配。

从 BIM 实体关系的连接关系上，BIM 实体关系可分为两种类型：一对一关系和一对多关系。在 BIM 实体关系定义中，有下述两种通用约定，适用于所有 BIM 实体关系的定义：关系的两侧属性分别命名为 Relation＋＜相关对象的名称＞和 Related＋＜相关对象的名称＞；如果是一对多关系，则关系的相关方应为集合 1：N 的集合。

### 8.1.2　BIM 实体空间关系

BIM 实体关系种类众多。本小节以 BIM 实体空间关系为例，详述 BIM 实体关系的定义及其理解。

通常，BIM 实体间的空间关系包含三类内容。首先，空间关系描述 BIM 实体在建筑模型空间中定量的空间关系，即模型构件间的距离、方向等关系。其次，空间关系描述模型构件间定性的空间关系，即构件间存在邻接、相离等关系；最后，空间关系描述 BIM 中特定的空间层次关系，包括空间包含关系（IfcRelContainedinSpatialStructure，If-cRelDecomposes 的子类）、聚合关系（IfcRelAggregates，IfcRelConnects 的子类）等。本小节主要介绍 BIM 实体间的第三类空间关系。

BIM 的空间结构按一定的逻辑顺序被严格定义，即从局部空间到整体空间。具体地，一个项目的空间结构信息是按照项目（IfcProject）、场地（IfcSite）、建筑（IfcBuilding）、楼层（IfcBuildingstorey）、空间（IfcSpace）的等级从上至下描述。

（1）场地（IfcSite）：场地定义工程项目区域，在此区域进行工程项目的建设、改造及摧毁等一系列相关活动。场地可带有该项目高精度的 WGS84 地理参考点，包括经度、纬度和海拔，从而显示在真实世界的绝对位置。在 IFC 标准下，BIM 模型只能定义一个项目（IfcProject），但一个项目可以跨越多个连接或不连接的场地。

（2）建筑（IfcBuilding）：建筑为位于场地中带有特定功能的结构，它为建筑构件提供基础的空间。一个建筑只能与一个特定的场地关联，但可以分为多个建筑单元。IfcBuilding 作为空间中的一部分，可作为其他元素的空间容器。

（3）楼层（IfcBuildingStorey）：楼层为建筑在垂直方向上空间划分，通常为水平且具有特定标高。一个楼层（IfcBuildingStorey）可由多个楼层复合，但只能位于一个建筑内。

（4）空间（IfcSpace）：空间为建筑内以特定功能划分的有界的区域或体积，如房间和防火分区等。空间通常与建筑楼层关联，在特定情况下也可直接与场地关联。空间是空间层级的最基础单元。

建筑空间及空间内的建筑构件存在两类空间关系：空间之间的聚合关系（IfcRelAggregates）和空间与建筑构件之间的包含关系（IfcRelContainedinSpatialStructure）等。

聚合关系（IfcRelAggregates）是分解关系（IfcRelDecomposes）中的一种特殊类型，它可以应用于 IfcObjectDefinition 的所有子类型。在将同类型构件（具有相同类型标识符）聚合成整体后，可以从各个构件形状表示的总和中获取整体的形状表示。例如，一个建筑是由许多个楼层组成的；因此，建筑和楼层之间关系通过 IfcRelAggregates 进行定义。再例如，屋顶是由屋顶板、椽条、檩条等屋顶构件聚合而成的，那么屋顶的形状就取决于组成屋顶的各部分构件；此时，屋顶通过 IfcRelAggregates 定义其与屋顶板、椽条、檩条等的关系。由于聚合关系是分解关系中的一种特殊类型，因此聚合关系具有递归性，且聚合关系中的整体和部分具有相互依赖性。递归性如建筑是楼层的聚合，楼层是房间的聚合，因此，建筑和房间之间也存在着聚合关系。整体与部分的相互依赖关系是指整体的定义取决于组成其各部分的定义，而各部分的存在取决于整体的存在。以屋顶为例，屋顶实体本身并不定义三维形状，其三维形状是由屋顶板、椽条、檩条等实体定义的。若缺失了屋顶板、椽条、檩条等对三维形状的定义，屋顶也将缺失相应的三维形状。同时，若缺失了屋顶的定义，屋顶板、椽条、檩条等也就缺失了依附对象。

构件和空间结构之间存在包含关系（IfcRelContainedInSpatialStructure）和引用关系（IfcRelReferencedInSpatialStructure）。构件和空间结构之间的包含关系是一种客观关系，用于将构件分配给某一特定级别的空间结构。需要注意的是，空间结构中的包含关系必须为层次关系，即任何一个构件只能属于一个特定级别的空间结构。关于何种特定级别空间结构与何种类型构件关联的问题需要在具体项目背景下具体分析。随着具体条件的变化，构件与空间结构的关联情况可能会发生变化。在某些特定情境下，可以将同一类型的构件分配给不同级别的空间结构。例如，一般情况下，墙构件不会跨楼层；因此，一堵墙将通过 IfcRelContainedInSpatialStructure 分配给其所在楼层。但是，幕墙会存在跨楼层的情况；此时，幕墙将分配给整个建筑物。构件和空间结构之间的引用关系不需要是层次关系。也即，一个构件可以被多个空间结构引用。比如说，当某一空间的空间类型是多层空间时，它属于其地面所在的建筑物楼层，但它包含的其他楼层也会引用该多层空间。一个具体的例子是，建筑物中的某一部电梯间可能属于该建筑的地下一层，但它经停的所有楼层都可以引用该电梯间。

图 8-7 给出了 BIM 较为完整的空间层次结构及建筑构件与建筑空间的关系图。BIM 实体♯4，♯6 和♯7 都是 IfcBuilding 对象，表达一个不同的建筑。BIM 实体♯1 是一个使用 IfcRelAggregates 描述的聚合关系对象，其 RelatingObject 是 BIM 实体♯4，RelatedObjects 是 BIM 实体♯6 和♯7。因此，♯4 建筑是由♯6 和♯7 建筑聚合而成。同理可知，BIM 实体♯2 定义了建筑实体♯6 是由两个建筑楼层（IfcBuildingStorey）♯8 和♯9 组成的。楼梯（IfcStair）是跨楼层建筑构件。此处，BIM 实体♯12 是一个 IfcRelContainedInSpatialStructure 对象，它将♯10 楼梯对象同♯6 建筑建立空间包含关系。♯11 和♯12 都是由 IfcWall 定义的墙对象，其仅包含于♯8 楼层对象中。此时，BIM 实体♯13 通过定义 IfcRelContainedInSpatialStructure 建立♯11 和♯12 与♯8 之间的空间包含关系。

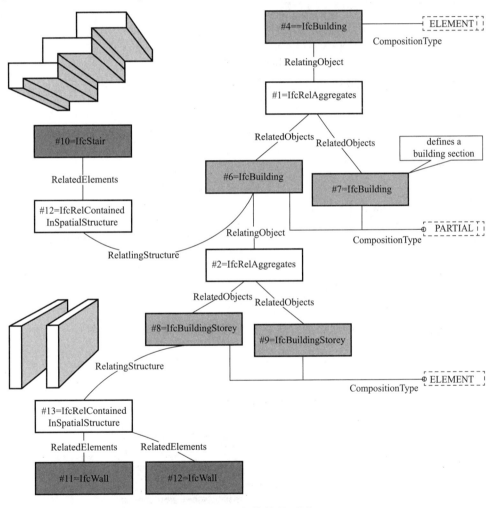

图 8-7　空间结构关系图

## 8.2　BIM 实体关系配置

本节将从设计软件角度讲述如何配置 BIM 实体关系。具体地，本节将重点讲述基于设计软件的 BIM 实体空间关系配置，包括场地配置、建筑配置、楼层配置、楼层内空间配置以及构件与空间关系配置。

### 8.2.1 BIM 空间配置

1. 场地配置

以 Revit 为例，通常项目的场地直接输出为 IfcSite。场地的设置主要通过"体量和场地"标签进行绘制。其绘制主要包含以下步骤：

步骤 1：在场地平面中，选择【地形表面】命令，如图 8-8 所示。

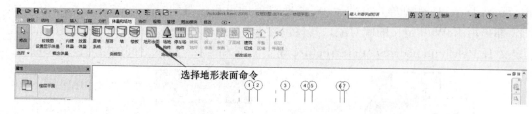

图 8-8　Revit 地形表面命名图

步骤 2：选择放置点的绘制形式，修改地形边界处的图元高程，将设定好的点放到相应的位置即可，如图 8-9 所示。

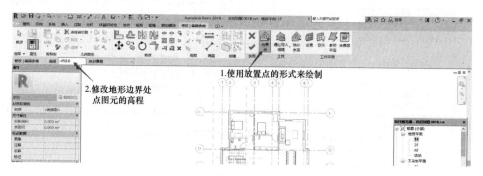

图 8-9　Revit 放置点绘制图

步骤 3：在属性栏中给场地添加材质，选择【场地】-【碎石】，如图 8-10 所示。

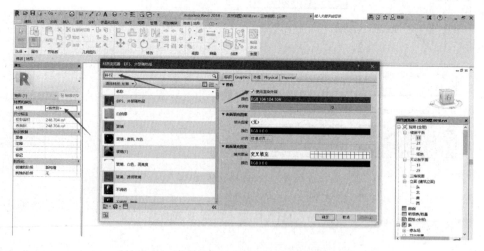

图 8-10　Revit 场地材质图

步骤 4：在绘制好的地形表面中，使用【建筑地坪】命令进行平整，如图 8-11 所示。

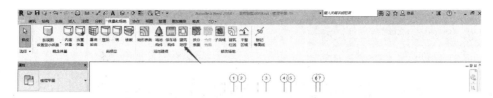

图 8-11　Revit 平整地形

步骤 5：在左侧属性栏中调节相应的标高，沿建筑物外围绘制地坪轮廓线，如图 8-12 所示。

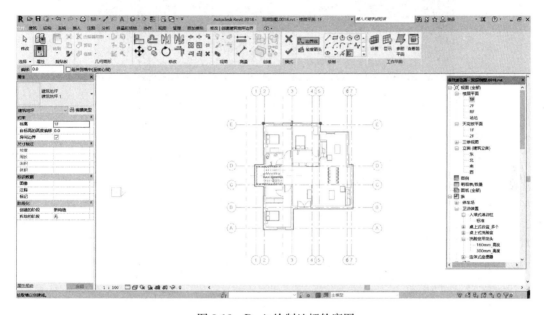

图 8-12　Revit 绘制地坪轮廓图

步骤 6：使用子面域命令，在地形上绘制道路，如图 8-13 所示。

图 8-13　Revit 绘制地形道路图

步骤 7：使用【场地构件】命令放置植物，如【枫树】等，如图 8-14 所示。

图 8-14　Revit 放置植物图

最终，所绘制形成的场地与建筑相融合后的示例效果如图 8-15 所示：

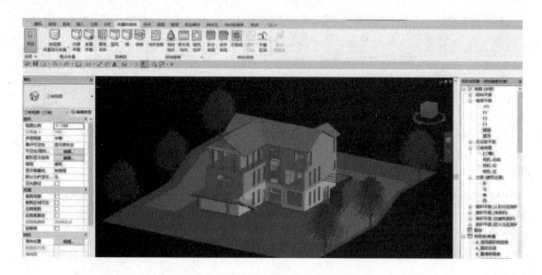

图 8-15  Revit 场地建筑融合示例图

2. 建筑与建筑楼层配置

在 Revit 中，通常一个项目只绘制一个建筑。对于多个建筑的项目，其大多采用分开建模再链接的形式。因此，本部分主要介绍建筑楼层（IfcBuildingStorey）的设置。

在 Revit 中，标高是用来定义建筑垂直方向的基准线。通常，标高也是建筑楼层的高度。默认情况下，Revit 将标高导出为建筑楼层。因此，大多情况下，设计师在命名标高的时候都采用"F1""F2"或"一层""二层"等形式。由于标高自身没有几何形状，这也导致导出的 IfcBuildingStorey 通常也没有几何形状。标高的绘制本书不再赘述。

3. 楼层内空间配置

在 Revit 中，楼层内空间的设置通过"房间"命令来处理。具体地，在平面视图中，点击"建筑"选项卡的"房间"，即可在平面视图中放置房间，如图 8-16 所示。放置房间时候，如果放置的范围是具有房间边界图元的封闭范围，会根据封闭空间确定房间的大小，如果放置的范围不是封闭范围，则会提醒房间不在完全闭合的区域中。所以在放置房间之前，先定义房间边界。

图 8-16  Revit 楼层内空间设置图

点击"房间"命令之后，进入到"修改/放置房间"模式，同时可设置自动放置房间，对放置的房间进行标记，如图 8-17 所示。

图 8-17  Revit 设置房间属性

选择"自动放置房间"之后，会在当前标高上的所有闭合和边界区域中放置房间，如图 8-18、图 8-19 所示。

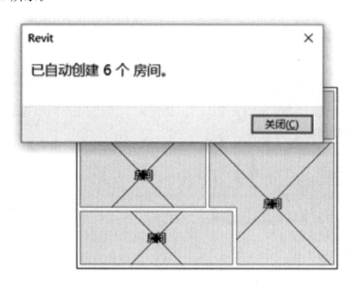

图 8-18　Revit 自动创建房间图

选择"高亮显示边界"，当前视图会以金黄色高亮显示所有房间边界图元。同时，弹出一个警告对话框，要退出该警告对话框并消除高亮显示，请单击"关闭"，如图 8-20 所示。

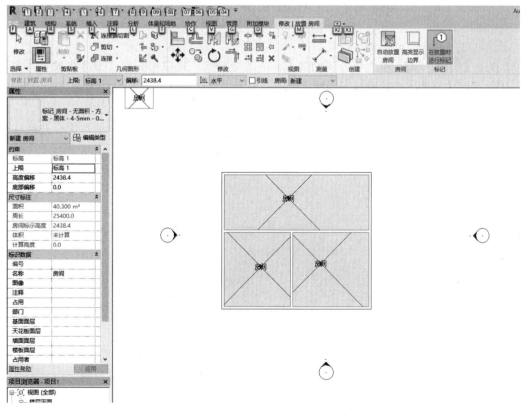

图 8-19　Revit 房间建立图

选择"在放置时进行标记"，对所放置的房间当前所使用的标记族进行标记。点击【房间标记】下拉三角，一个是【房间标记】，一个是【标记所有未标记的对象】。【房间标记】需逐一进行标记，并且标记的房间都有亮显。【标记所有未标记的对象】可将未标记的都进行一次性标记。

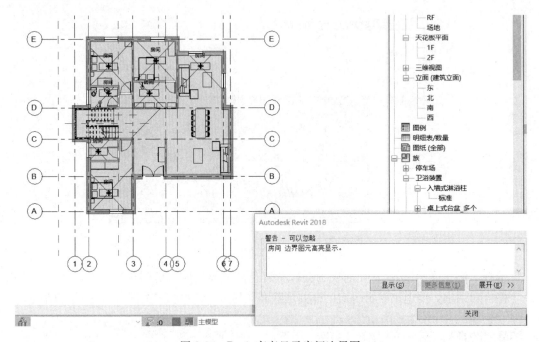

图 8-20　Revit 高亮显示房间边界图

点击【房间分隔】，在想要分隔的地方画一段分隔线，拾取房间。点击【在放置时进行标记】，房间边界便不会拾取房间的整个墙体，而是以墙体和房间分隔线作为边界标记房间，如图 8-21 所示。

双击【房间名称】，会进入到族页面。此时，需要设备族的双击行为为【不进行任何操作】。修改完成可在图中双击直接修改名称，不会进入到族页面当中。

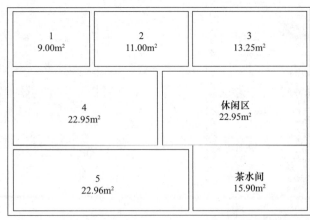

图 8-21　Revit 房间分割图

### 8.2.2　BIM 空间与构件关系配置

BIM 是参数化建模。当建筑中某一个空间发生变化时，与其相关的模型构件的外观、位置信息等也会发生改变。因此，理解和掌握 BIM 空间与构件的关系配置极为重要。

在 Revit 中，构件和楼层的关系是通过设定"标高"来关联的。例如，某二层别墅建筑中一层沙发的"标高"为 f1，此时沙发放置于一层中。当将沙发的限制标高更改为 f2 后，沙发的位置由一层变为二层；同时，沙发将与 f2 建立空间关系。需要特别注意的是，此时即使通过调整"偏移量"，将沙发置于 f1 的空间位置中，该沙发的隶属关系还是 f2。因为，建筑构件主要通过"标高"属性建立与空间的联系，如图 8-22 所示。

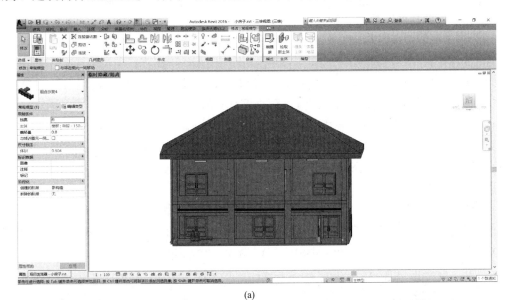

(a)

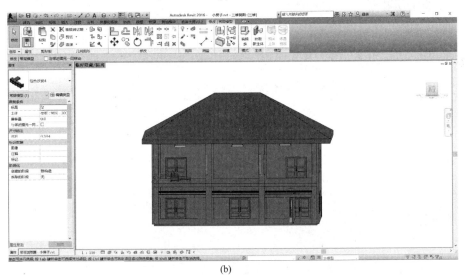

(b)

图 8-22　更改标高前后沙发构件的空间位置及属性信息

（a）更改标高前沙发构件的空间位置及属性信息；（b）更改标高后沙发构件的空间位置及属性信息

## 8.3　BIM 空间关系应用开发——BIM 模型空间树示例

本节将通过模型空间层次关系（模型空间树）的展示以及空间添加标签示例来说明 BIM 空间关系的应用开发。模型空间树展示可应用于建筑分层浏览展示，如机场航站楼、高铁站、医院等，也可以应用于智能楼宇的监控与管理中，还可应用于建筑运维管理中。通过使用模型空间树，可以清晰地展现建筑每一个层级的空间样貌，又能保持良好的空间结构与层次性，从而避免了因楼层内部结构复杂而引起的浏览不明确，无法立体展示的缺陷。

### 8.3.1　案例功能及需求分析

该应用案例旨在通过模型空间树控制不同空间及其所包含建筑构件的联动可视化。其主要功能包括：

（1）模型空间树导览。系统初始化后，可以完整地展示建筑 BIM 模型内的建筑空间结构。在模型空间树中，点击某一节点，可以展开其所包含的子空间。

（2）关联构件显示。当点击某个节点后，可突出显示该节点中所有构件或所选构件。

如图 8-23 所示，①图是某建筑模型整体空间树的效果展示图，②图是建筑模型某空间树节点展示的效果图，③图是建筑模型某空间树节点下单独构件的展示效果图。

### 8.3.2　Web API

该应用示例在初始化界面时，需要同时显示模型的模型空间树。因此，需要通过小红砖平台获取模型空间树的数据。本示例所需的 Web API 仅为"获取模型空间树列表"（https://webapi. zhuanspace. com/models/{filekey}/trees/location）。

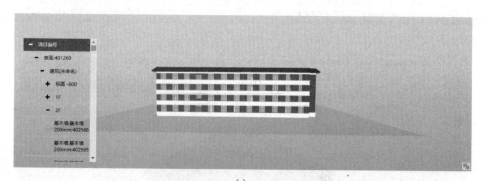

(a)

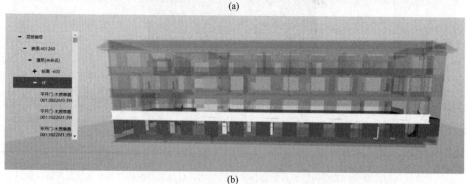

(b)

图 8-23　建筑模型空间结构树展示（一）

（a）某建筑模型整体空间树展示；（b）建筑模型某空间树节点展示

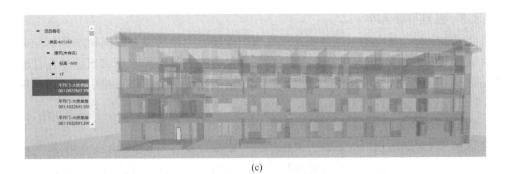

(c)

图 8-23　建筑模型空间结构树展示（二）

（c）建筑模型某空间树节点下单独构件展示

该接口所需的路径参数定义见表 8-1：

路径参数　　　　　　　　　　　　　　　　　　　　　　　表 8-1

| 字段 | 类型 | 必填 | 描述 | 示例 |
|------|------|------|------|------|
| filekey | String | Y | BIM 模型的文件 key | 3705436 |

该接口返回数据的格式定义见表 8-2：

接口数据格式　　　　　　　　　　　　　　　　　　　　　表 8-2

| 字段 | 类型 | 描述 | 示例 |
|------|------|------|------|
| id | String | 当前构件存于数据库的路径标识（id） | components/3705436_3uXpDSeP5A_gRI8FyJJmvJ |
| key | String | 构件 key，当前构件存于数据库的唯一标识（key） | 3705436_3uXpDSeP5A_gRI8FyJJmvJ |
| guid | String | 当前构件在 IFC 文件内的唯一标识 | 2a7ZYCqi91TA6HskR1vYSl |
| name | String | 当前构件的名称 | 基本墙：常规—200mm：308809 |
| matrix | Array | 为当前构件从构件坐标转向世界坐标的空间变换矩阵 | [1, 0, 0, 0, 0, 1, 0, 0, 0, 0, 1, 0, − 1727.527099609375, −1444.53466796875, 423.431396484375, 1] |
| geometry | String | 几何 key，当前构件对应几何文件的文件名（key） | Z3JvdXAxLE0wMC8xMC81Mi9yQkd2ZEZZ1cG53U0FOTTJ2QUFGGanNnUzJWWWUk4MC5qc29u |
| type | String | 当前构件所属的类型 | IfcFlowTerminal |
| lineid | Number | 当前构件在 IFC 文件内对应的行号 | 2986 |
| model | String | 当前模型存于数据库的路径标识（id） | files/4942626 |
| parent | String | 父级构件，当前构件的父结点标识（key） | 4942626_2a7ZYCqi91TA6HskR1vYSl |
| children | Array | 当前空间树中构件的子结点 | ["5748527_0sK_GFa697WPb71pwtgMVO","5748527_0sK_GFa697WPb71pwtgNaR"] |
| systemtype | String | 当前构件所属的系统类型 | 家用热水 |

### 8.3.3 三维引擎 API

结合功能分析，该应用示例需要在三维视图中展示完整的模型空间树结构。同时，在点击模型空间树某个节点时，需要突出显示其所包含的建筑构件。在突出显示构件时，采用的主要方法是透明化其他构件。因此，该应用示例主要用到两个三维引擎 API：模型空间树绘制和反透明化构件。

1. 模型空间树绘制

模型空间树绘制所用到的三维引擎接口为"添加标签"（addMark）。addMark 函数旨在为整个三维模型或者指定的构件添加标签，显示模型或具体构件的特定信息。

该接口的主要参数信息见表 8-3：

主要参数　　　　　　　　　　　　　　　　　　　　　　　　　　　表 8-3

| 名称 | 描述 | 类型 | 必填 | 示例 |
| --- | --- | --- | --- | --- |
| param1 | param1 可以是构件 key 或者 null | string\|null | 是 | ' BuildingIOT _ instruction _ 0wGEmGmG528Pmpk3P8MJsl |
| param2 | param1 是构件的 key，param2 可以是相对于构件的位置昵称的可选值，可选值有：'left'-左，'right'-右，'top'-上，'down'-下，'front'-前，'back'-后；param1 是构件的 key，param2 可以是距离构件的相对位置；param1 是 null，param2 可以是标签在屏幕中的二维坐标系值，例如：{x：100，y：100} | string\|object | 是 | {x：100，y：100} |
| param3 | param1 是构件的 key，param3 可以是内置的标签名称或者用户传入的标签地址；param1 是构件的 key，param3 可以是 html 字符串；param1 是 null，param3 可以是以 html：开头的 html 字符串 | mark | 是 | 'm-arrow1' |
| param4 | param4 是标签的配置参数 | obejct | 否 | {} |
| param4. distance | 标签中位置昵称相对于物体表面的距离。默认是 0 | number | 否 | {diatance：10} |
| param4. scale | 标签的缩放比例。默认是 1 | number | 否 | {scale：0.1} |
| param4. alwaysVisible | 标签是否始终可见。默认为 true。true-可见，false-不可见 | boolean | 否 | {alwaysVisible：false} |
| param4. success | 标签添加成功后执行的回调函数，传递了标签的 key | | 否 | {success：function（markkey）{}} |

需要注意的是，当 param1 的值为 null 或指定的构件 key 不存在时，addMark 将为整个三维画布添加标签。

2. 反透明化构件（inverseTransparency）

"反透明化构件"（inverseTransparency）实现将模型中指定构件集合外的所有构件透明化。

该接口的主要参数信息见表 8-4：

| | | 主要参数 | | 表 8-4 |
|---|---|---|---|---|

| 名称 | 描述 | 类型 | 必填 | 示例 |
|---|---|---|---|---|
| keys | 构件的 key 列表 | array | 是 | ['10001'] |

inverseTransparency 的一个简单示例为："component. inverseTransparency(['10001']);"。此时，除了 key 为 10001 外的所有 BIM 构件将被透明化显示。

### 8.3.4　系统实现

该应用示例的实现主要包含以下步骤：

1. 界面初始化

界面初始化主要包含两部分内容：初始化模型三维视图和绘制模型空间树展示区域。

步骤 1：初始化模型三维视图。模型三维视图展示在本书前序章节已有描述，此处不做赘述。

步骤 2：绘制模型空间树展示区域。模型空间树展示区域可以直接设定一个指定大小的＜div＞标签，并使用 addMark 函数将＜div＞标签绘制在三维视图中。其主要 javascript 代码如下：

```
var tree = "<div id = 'tree' style = 'width:200px;height:1000px'></div>";
view.addMark(null,{x:50,y:50},tree);
```

代码第 1 行定义一个宽 200px 高 1000px 的＜div＞区域用于展示模型空间树。代码第 2 行将该＜div＞区域放置于三维视图距左上角 50px 的位置。在实际应用中，可设定该＜div＞的 CSS 样式，实现高度自适应屏幕高度。

2. 数据初始化

数据初始化主要是指通过 Web API 从服务器端获取所需数据，并呈现在界面中。本应用示例需要获取模型空间树，并展现在所绘制的模型空间树＜div＞中。具体地，通过调用获取模型空间树列表接口获得该模型空间模型树列表并返回 json 格式的空间树表信息。代码如下：

```
const getTree =
fetch(' ${op. host}/models/ ${filekey}/trees/location',{headers:{devcode,
k:"space_tree_display",v:2}}).then(response = >response. json()))
const initTree = (tree) = >{
    $('#tree'). treeview({
      data:tree,
      collapseIcon:"glyphicon glyphicon-minus",
      expandIcon:"glyphicon glyphicon-plus",
      onNodeSelected:function(event,data){},
      onNodeUnselected:(event,data) = >{}
});
```

代码第 1 行通过 Web API 接口从服务器端获取模型空间树数据，该数据以 json 格式返回。函数 initTree 将返回的模型空间树以树形式进行层次化呈现。模型空间树的层次化呈现采用了 bootstrap-treeview 插件。因此，在使用该代码时，需要引入该插件。

3. 点击节点功能实现

点击模型空间树某一节点，可获取该节点下所有构件 ID，并对这些构件进行反透明操作，达到突出显示该节点下所有构件的目的。由于构件只聚合到其所直接关联的空间节点；因此需要对模型进行遍历以找到点击节点所包含的所有建筑构件。在遍历中，如果构件属于所选节点或其子节点，则将该构件对象添加至数组中，直至获得所选节点下所有构件并输出数组。代码如下：

```
onNodeSelected:function(event,data){
    const highlightArray = ergodicLocationNodes(data);
    viewer.resetScene();
    viewer.adaptiveSizeBykey(highlightArray);
    viewer.inverseTransparency(highlightArray)
}
onNodeUnselected:(event,data) = >{
        viewer.resetScene(true,true,true,true,true,true);
}
const ergodicLocationNodes = (nodes) = >{
    let array = [];
    if(nodes.nodes){
      for(let i = 0;i < nodes.nodes.length;i + + ){
        const list = ergodicLocationNodes(nodes.nodes[i]);
        array = list.reduce(function(coll,item){
          coll.push(item);
          return coll;
        },array);
      }
    }else{
      array.push(nodes.id);
    }
    return array;
}
```

第一块代码定义一个节点被选中的事件：第一行为遍历所有节点将其赋值给 highlightArray 数组，第二行为重置场景，第三行将 highlightArray 里面的元素按 key 自适应调整大小。第四行将 highlightArray 里面的元素反转透明度。

第二块代码定义了一个节点不被选中的事件：将场景中所有元素进行重置。

第三块代码定义一个函数：ergodicLocationNodes ()，其主要功能为递归遍历所有节点，同时将所有的节点添加到 array 中，最终返回该数组。

此时，选取二层别墅项目的"f2"节点，可在界面中查看该节点下所有构件，如图 8-24所示。

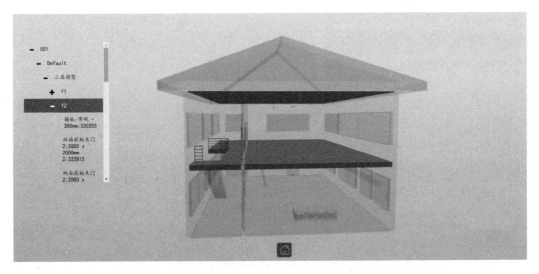

图 8-24　二层别墅项目"f2"节点下构件展示

## 8.4　BIM 管道连接关系应用开发——BIM 管道关联构件查询示例

本节以 BIM 管道关联构件查询为例，介绍 BIM 管道连接关系及其应用。

### 8.4.1　案例功能及需求分析

BIM 管道关联构件查询示例用于查询管道系统中与选定管道相关联的、指定类型的构件。该应用示例主要包括三个功能：

（1）BIM 模型可视化。进入该应用后，应用将直接加载 BIM 的三维模型。

（2）基于指定构件属性的关联构件查询。通过获取用户选择检索出的指定构件的属性信息，并且通过选择查找的指定构件类别进行关联构件的检索查询。

（3）高亮检索结果。点击"查找"，高亮显示此管道的相关联控制构件，当不存在相关联控制构件时，页面提示"该构件无关联控制构件"。

BIM 管道控制构件查询示例效果展示如图 8-25 所示。

### 8.4.2　Web API

从应用示例的功能可知，用户进入查询界面后，需要从下拉框中选择需要查找的关联构件属性类型。同时，点击三维模型中需要查找的指定构件，点击"查找"按钮，通过获取指定构件的属性类型和关联构件所需查找的类型进行查找。因此，该应用示例所需主要包含两个 Web API 接口。

1. 获取指定构件所属系统接口

BIM 模型中的构件属性包含在文件的 key 当中。因此，要获取指定构件的属性信息，只需要去直接获取对应构件的 key，提取出当中的 Type 进行使用即可。其所用的接口为：获取模型某类构件基本信息（https://webapi.zhuanspace.com/models/{filekey}/components/{componentkey}/get/systempoint）。

该接口所需的路径参数定义见表 8-5：

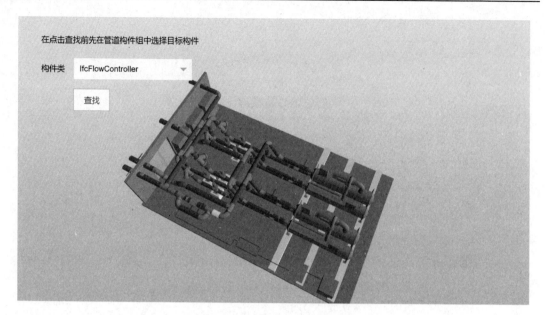

图 8-25　管道控制构件查询示例

路径参数　　　　　　　　　　　　　　　　　　　表 8-5

| 字段 | 类型 | 必填 | 描述 | 示例 |
|---|---|---|---|---|
| filekey | String | Y | BIM 模型的文件 key | 3705436 |
| type | String | Y | 构件类型 | 3705436_0wI7AZgJP8Kh9LBEQqPnIb |

该接口返回数据的格式定义见表 8-6：

数据格式　　　　　　　　　　　　　　　　　　　表 8-6

| 字段 | 类型 | 描述 | 示例 |
|---|---|---|---|
| key | String | 当前管道构件所属系统 key | 3705436_0wI7AZgJP8Kh9LBEQqPrR5". |

2. 获取构件相关联的指定类型构件集接口

BIM 模型中指定构件的关联构件属性信息可以直接通过"获取构件相关联的指定类型构件集"接口（https://webapi.zhuanspace.com/models/{filekey}/components/{componentkey}/type/{type}）取得。

该接口所需的路径参数定义见表 8-7：

路径参数　　　　　　　　　　　　　　　　　　　表 8-7

| 字段 | 类型 | 必填 | 描述 | 示例 |
|---|---|---|---|---|
| filekey | String | Y | 文件 key | 3705436 |
| componentkey | String | Y | 构件 key | 3705436_0wI7AZgJP8Kh9LBEQqPnIb |
| type | String | Y | 相关联构件的类型，包括管道（IfcFlowSegment），连接管（IfcFlowFitting），控制器（IfcFlowController），和终端（IfcFlowTerminal）等 | IfcFlowSegment |

该接口返回数据的格式定义见表 8-8：

| | | 数据的格式 | 表 8-8 |
|---|---|---|---|

| 字段 | 类型 | 描述 | 示例 |
|---|---|---|---|
| data | Array | 与当前构件相关联的指定类型构件列表 | ［" 23967661_0wI7AZgJP8Kh9LBEQqPnId ", "2 3967661_ 0wI7AZgJP8Kh9LBEQqPnI0 ", "23967 661_0wI7AZgJP8Kh9LBEQqPnIj"］ |

### 8.4.3　三维引擎 API

该应用案例所需的三维引擎接口主要包括两个：检索列表和关联列表界面绘制和查询关联构件高亮显示。

1. 交互界面绘制

该应用案例需要在三维界面上嵌入左上角的查询交互信息窗口，检索之后的检索内容列表和关联检索的列表。其所用到的三维引擎接口为"添加标签"（addMark）。addMark 函数旨在为整个三维模型或者指定的构件添加标签，显示模型或具体构件的特定信息，其函数说明如表 8-9 所示。

| | | 函数说明 | | 表 8-9 |
|---|---|---|---|---|

| 名称 | 描述 | 类型 | 必填 | 示例 |
|---|---|---|---|---|
| Text | 文字内容 | string | 是 | '文字 font-1' |

2. 获取选中构件

系统需要根据选定的管道去查询与其相关联的、特定类型的构件。因此，系统需要获取选定的管道。选定的管道会被高亮，可以通过获取高亮构件（getHighlight）来获取选定的管道。

该接口无需参数信息。其使用形式为：component. getHighlight ()。

3. 查询构件高亮显示

当用点击"搜索"按钮后，系统通过 Web API 获取所检索到的 BIM 构件。此时，需要高亮所检索到的所有 BIM 构件，选择指定构件进行关联构件检索，高亮相关联构件。该功能所用到的三维引擎接口为"设置构件高亮"（setHighlight）。该接口将以绿色凸显所设置的高亮构件，并聚焦显示该高亮构件。

该接口的主要参数信息见表 8-10：

| | | 主要参数信息 | | 表 8-10 |
|---|---|---|---|---|

| 名称 | 描述 | 类型 | 必填 | 示例 |
|---|---|---|---|---|
| keys | 构件的 key 列表 | array | 是 | ['10001'] |

### 8.4.4　系统实现

依据上述功能和接口分析，本应用示例的实现主要包含三个步骤：界面初始化、关联数据属性获取和关联构件查询。

1. 界面初始化

界面初始化主要实现三维模型的加载和查询界面的绘制。通过前几章节所述的三维模型过程，进行模型加载，并通过前一章所讲解的 addMark 函数绘制界面检索区域，不再一一赘述。本章节将继续进行检索列表和关联构件查询列表的绘制。根据界面的最终效果，使用 html 设计界面。创建检索区域，分别加入构件类、构件内容和检索按钮的检索区域，并添加检索列表和关联检索列表，供后续检索使用。使用 addMark 函数就可以直接将设计好的检索区域样式显示在界面前端。

其代码如下：

```
//构建类检索框
var s_type = '<div class = "layui-form-item">构件类<div class = "layui-in-
put-block" id = "list1"><select id = "sel_type" lay-filter = "aihao"><op-
tion value = "0">--</option></select></div>';

var button = '<input type = "button" class = "btn btn-info" id = "btnDo" value = "搜
索"/>';

view.addMark(null,{x:20,y:350},button);
view.addMark(null,{x:20,y:300},s_type);
 $("#btnDo").click(function () {do_search();});
```

第一块代码首先定义了一个 CSS 样式名为 "layui-form-item" 的 <div> 区域，其中以 "构件类" 三个字提示接下来的内容。在上一个 <div> 中嵌套定义了一个 <div> 区域，该区域的 CSS 样式名为 "layui-input-block"，id 为 "list1"，在里面一层的 <div> 区域嵌套定义了一个下拉框，其 id 为 "sel_type"，区分为 "aihao"，其中只有一个选项 "--"，且该选项对应的 value 为 "0"。整段代码作为一个字符串赋值给了变量 "s_type"。

第二块代码定义了一个按钮，其主体是一个 <input> 框，类型为 "button"，CSS 样式名为 "btn btn-info"，元素 id 为 "btnDo"，按钮名称为 "搜索"。

第三块代码第一、二行分别将 button 和 s_type 加入到三维模型的加载界面，其中 button 的位置为距离界面左上角水平 20px，垂直 350px，s_type 的位置为距离界面左上角水平 20px，垂直 300px。第三行为 id 是 "btnDo" 的按钮添加了一个点击事件，点击按钮，则执行 do_search () 函数。

2. 关联数据属性获取

关联数据获取是通过 Web API 选择的指定构件属性信息和获取关联构件信息集接口来得到该 BIM 模型相关联构件的类型信息和属性信息的，将数据内容返回给界面前端进行显示。

其代码如下：

```
function refresh_type(){
  var search_url =
  ' https://webapi. zhuanspace. com/models/1565599146/components/! query?
devcode = 29bfac94a80daa74c384afc5b948e170&name = ';
  var name = document.getElementById('txtQ').value;
  var s_url = search_url + name;
  htmlobj = $.ajax({url:s_url,async:false });
  var obj = htmlobj.responseText.data;
   $('# sel_type').empty();
```

```
$('# sel_type')..appendChild(new Option("- -","0"));
for (var d in htmlobj.responseJSON.data) {
  var item = htmlobj.responseJSON.data[d];
    $('# sel_type').appendChild(new Option(item.name,item.name));
  }
}
```

refresh_type（）中，第一行定义了一个 url，第四行获取 id 为"txtQ"的元素的 value 并将其赋值给变量 name，第五行将前面的 search_url 和 name 拼接成一个完整的 url，第六行定义了一个同步向 select_url 发送的 ajax 请求，第七行将上一行的 ajax 请求的响应文本的 data 赋值给 obj，第八行移除 id 为 sel_type 的下拉框的所有子节点和内容，第九行为 sel_type 下拉框添加选项"--"，对应 value 为 0。第十行的 for 循环为将上面 ajax 的请求的结果添加到 sel_type 下拉框中。

3. 关联构件查询

关联构件查询通过调取 Web API 的获取关联构件集查询接口，获取相应的 BIM 构件数据类型，用户选择的指定构件的 key 被代入接口进行匹配，将所检索出来的关联构件显示给用户，放在检索列表当中。最后通过 setHighlight 将检索出的构件进行高亮显示。

其代码如下：

```
//关联检索函数
function get_related_components(event){
  var key = component.getHightlight();
  if(key = = null) return;

  var s_type = $("# sel_type").find("option:selected").text();
  var list_url = 'https://webapi.zhuanspace.com/models/' + filekey + '/compo-
nents/' + key[0] + '/type/' + s_type;
  htmlobj = $.ajax({ url:list_url,async:false });

  var objc = htmlobj.responseText.data;
  var ids = [];//检索数据
  for (var d in htmlobj.responseJSON.data){
    var item = htmlobj.responseJSON.data[d];
    ids.push(item.key);
  }
  component.setHighlight(ids);
}
```

这块代码为 get_related_components（）函数主体，第一行是获取所有高亮的构件的 key，如果上一行获取的 key 为 null，则函数返回；第三行代码表示从 sel_type 中找到下拉框选择的选项的文本并赋值给 s_type，第四行代码定义了一个 url，第六行代码将一个

ajax 请求赋值给 htmlobj，第七行表示将上一行中 ajax 请求的响应数据赋值给 objc，接下来的 for 循环表示将响应数据解析出来放到 ids 数组中，最后一行代码表示按照数组 ids 中的构件 key 将其全部设置为高亮。

通过上述代码，将代码整合运行，可实现对 BIM 管道关联构件检索查询的效果，通过对 BIM 关联构件的查询每个管道对应上下游的关联构件信息。如图，查询"管道类型 XH：907797"所对应的"IfcFlowController"类型的所有关联构件，其效果如图 8-26 所示。

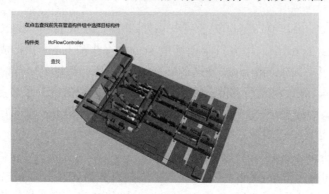

图 8-26　关联构件查询示例

<h2 style="text-align:center">习　　题</h2>

1. 结合某个 BIM 模型，分析其 BIM 空间关系。

2. 实现一个 BIM 检索系统。当检索到建筑系统的构件时，还能检索控制该构件的关联构件。

# 第9章　BIM 与建筑实时感知系统交互应用开发

人们一天中90％的时间都在建筑内；并且，建筑的日常运行成本占其生命周期总成本的70％。然而，建筑的使用效率却很低。据统计：商用建筑只有66％的面积真正被使用，建筑用电占全社会用电总量的42％，而其中的50％是被浪费的电力。因此，建筑拥有巨大的运行效率提升潜力。协同建筑本体数据（BIM 数据）和建筑实时感知数据，洞察建筑潜在效率提升环境，优化建筑运行效率，是智能建筑发展的重要趋势。本章将介绍 BIM 与建筑实时感知系统交互应用开发。

## 9.1　建筑实时感知系统

### 9.1.1　建筑实时感知与物联网

建筑实时感知可自主集成物联网（IoT）设备、学习系统和用户行为，以优化运行，并通过自然的交互接口提供协助，从而解放生产力、提高环境效率，实现新的商业模式，提高终端用户的幸福感。

物联网（Internet of Things，简称 IoT）是指通过各种信息传感器、射频识别技术、全球定位系统、红外感应器、激光扫描器等各种装置与技术，实时采集任何需要监控、连接、互动的物体或过程，采集其声、光、热、电、力学、化学、生物、位置等各种需要的信息，通过各类可能的网络接入，实现物与物、物与人的泛在连接，实现对物品和过程的智能化感知、识别和管理。物联网是一个基于互联网、传统电信网等的信息承载体，它让所有能够被独立寻址的普通物理对象形成互联互通的网络。

简单理解物联网，就是"万物相连的互联网"，是互联网基础上的延伸和扩展的网络，将各种信息传感设备与互联网结合起来而形成的一个巨大网络，实现在任何时间、任何地点，人、机、物的互联互通。

随着物联网技术的发展，越来越多的智能家电、智能设备加入，并组合自动执行任务，这就构成了智慧空间。例如，当传感器感应到窗子打开时，室内的空气加湿器、空气净化器就自动停止运行。当检测到家中无人时，加湿器、净化器、空调、电视、电灯等就自动关闭。当检测到家中有人时，门口的灯就自动亮起、加湿器、净化器、电视自动根据需要打开。当检测到耗材，如滤网或滤芯等设备到达使用寿命时，就自动在电商平台下单运送到家中。当我们出门在外，又放心不下家中的情况，可以拿出移动终端实时查看和控制设备信息。当检测到漏水、燃气泄漏等情况或有陌生人闯入时，可以接收警报信息甚至自动报警。因此，物联网为建筑实时感知提供了新手段。

随着物联网技术的发展，"自动化建筑"和"智能建筑"正快速转变为"感知建筑"。20 世纪 80 年代和 90 年代，自动化建筑让地产和设施管理团队通过数字仪表板可视化建筑的关键指标。这些仪表板极大帮助了管理团队了解建筑大致运行趋势，从而形成建筑评估报告。但是，仪表板是静态的、历史的和聚合的。洞察建筑潜在的运行优化还主要依靠经验丰富的运维工程师。随着各种仪器设备的渗透增加、大数据和人工智能等新一代技术的发展，更智能的建筑成为常态。在 2000—2015 年期间，通过大量建筑传感器信息与分析工具相关联，可实现指定空间和指定资产的可操作观察。然而，由于只能分析主要数据点，且现有工具还无法分析大量非结构化数据，其分析观察仍然较为粗浅。

未来，建筑实时感知将自主集成物联网（IoT）设备、学习系统和用户行为，以优化建筑运行，并具有四个核心能力：

（1）自感知。建筑物联网将形成建筑的多维感知系统，以视觉、听觉、嗅觉等多种形式实时感知建筑运行状态，形成自感知能力。

（2）自认知。通过大数据和人工智能等新一代信息技术，协同 BIM 与建筑物联网实时感知数据，配合上下文信息（比如天气数据），学习总结出正常的运行模式，自主识别和诊断异常模式，形成对建筑自感知数据的自认知能力。

（3）自预知。在自认知的基础上，结合仿真模型和机器学习模型等，建筑将实时预测全空间内未来状态变化及态势演变，形成自预知能力。

（4）自调控。基于建筑自预知能力，以建筑运行效率优化为目标，自主控制建筑系统运行，或提供建筑运行决策，形成自调控能力。

通过智能建筑的自感知、自认知、自预知和自调控能力，建筑能够知晓自身的以及最终用户的状态，通过不同建筑系统之间的协作，实现运行优化。例如"来访人员证件"打印、智能指路标识，并且能够与第三方无缝交互，实现预期结果。

最终的状态是，建筑可以意识到自身的能耗表现，以及直达每张桌面层面的用户舒适度水平。建筑能够相应调节不同区域的温度，同时与附近其他的建筑共享能源资源。通过手机应用程序（App）等形式向用户提供主动服务，例如向没有空调的特定房间租用风扇、提供冰淇淋和冷饮等。建筑用户将能够通过 App 与建筑进行交互，并接收建筑根据经验及当前环境发来的通知与提示等增值服务。机器人和无人机将越来越多地跟进并执行那些不需要人工干预的任务。

感知建筑能够根据能源供应量，平衡能源需求的峰值和估值，以实现总体的能耗目标。必要时，还将与能源供应商进行能源交易，以确保电网的总体平衡。

### 9.1.2　建筑实时感知设备

物联网感知设备（传感器）是各物理对象相互连接的媒介，如图 9-1 所示。物联网平台可使用各种传感器运行并提供各种实时数据。互联互通的传感器是建筑数字化和智能化的重要基础。

正如五个感觉器官（视觉、听觉、触觉、气味和味道）使人类能够感知世界一样，传感器是机器能够感知世界的设备。传感器是一种检测并响应来自物理环境的某种类型的输入设备。传感器的输入可以是光、热、运动、湿气、压力或其他环境参数。传感器的输出通常是可读的信号或数值。

室内环境中居住者的健康和生产力取决于室内环境质量（IEQ）。有许多传感器用于了解室内环境质量和个人居住满意度水平。建筑环境中的细粒度占用信息有助于提高节能、热舒适和室内空气质量。为了感知生活空间的热环境质量，使用了恒温器、智能仪表、传感器和心率传感器。更好地了解居住者对室内环境质量的感知，有助于居住者提高生产力和健康水平。同时，利用温度传感器分析乘客行为模式，可以有助于提高建筑环境中的节能。在建筑环境中使用不同类型的传感器来了解室内环境特征和居住者行为。

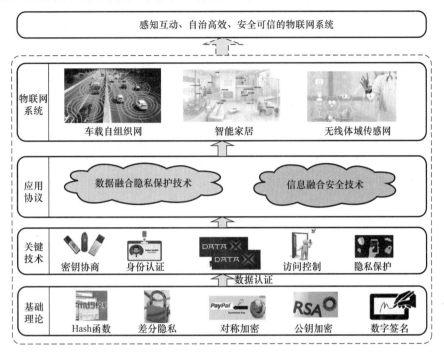

图 9-1　建筑中的传感器

表 9-1 将智能建筑操作相关的传感器分为三类：占用传感器、建筑环境测量传感器和其他传感器。占用传感器是一种简单的设备，在许多照明系统中都有，它能够识别建筑物内的特定空间何时被占用，并相应地调整照明、供暖和制冷以及其他设备。近年来，在住宅或公共建筑内，安装占用传感器已成为建立对环境负责的控制系统中的重要组成部分。占用传感器有两种常见的使用形式，一种用来降低公用设施成本，当目前没有人占用建筑物的某个特定区域时，传感器会注意到这一点，并会关闭不必要的灯，并稍微调整温度控制，这有助于在空间未被使用的情况下将电力消耗降至最低，当有人进入空间时，占用运动传感器会识别移动并自动打开灯并进行调整气候控制设备，使个人在室内感到舒适，另一种用作安全措施，在这种应用中，在任何可能发生移动的地方，都要咨询在某些监控系统中的传感器，占用传感器配置有触发监控摄像头，以显示该区域的图像，使保安人员能够看到任何进入房间或空间的人。建筑环境检测传感器是指能敏锐地感受某种物理、化学、生物的信息并将其转变为电信息的特种电子元件。这种元件通常是利用材料的某种敏感效应制成的。敏感元件可以按输入的物理量来命名，如热敏（见热敏电阻器）、光敏、（电）压敏、（压）力敏、磁敏、气敏、湿敏元件。在电子设备中采用敏感元件来感知外界的信息，可以达到或超过人类感觉器官的功能。

| 智能建筑操作相关的传感器列表 | 表 9-1 |
| --- | --- |

| 智能建筑操作传感器 | 传感器类型 |
| --- | --- |
| 占用传感器 | 图像传感器、被动红外（PIR）传感器、无线电传感器、阈值和机械传感器、椅子传感器、压力垫、摄像头传感器、光电传感器、超声波多普勒、微波多普勒、超声波测距 |

| 智能建筑操作传感器 | 传感器类型 |
|---|---|
| 建筑环境测量 | CO₂传感器、空气温度传感器、湿度传感器、热流体传感器、声音传感器、光传感器、挥发性有机化合物传感器、颗粒物（PM）传感器、空气速度传感器 |
| 其他传感器 | 可穿戴传感器、物联网传感器、智能手机、心率传感器、指纹传感器、移动瞳孔计、皮肤温度传感器 |

### 9.1.3 BIM 与建筑实时感知融合应用

BIM 与物联网技术相结合，从建筑日复一日的运行中捕获数据，以实现新的建筑智能化水平，有效地帮助建筑"思考"、回应以及学习。常规地，在进行运维检修、定位查看时，使用智能终端设备获取现场设施设备对应的电子标签并与 BIM 模型数据进行数据交换。在可视化环境下显示对应的 BIM 模型，还可查询相应设备的属性、状态及运维信息，进而更加有效地制定维护计划，避免过度维修或维修不足，降低维修成本，提高维修质量。其他部分典型应用还包括：

（1）预测性维护：分析并丰富从诸如锅炉、泵、冷却器和电梯等连接的资产传输来的数据，以识别异常情况，比如设备超过正常参数运行。建立业务规则，识别潜在的故障模式，并在现场或远程自动发起纠正措施。干预的结果则提高了对未来事件的预测和解决的准确性。

（2）生产效率及健康：建筑通过 IoT 传感器监测人流量、温度、CO₂ 浓度和房间占用情况，并可以根据需要重新安置人员和调整资源，比如供暖和制冷系统。综合采用 BIM、建筑实时感知数据、可穿戴设备的数据和情绪数据，结合天气信息，以及合作方数据，用于监控和促进高效的、利于员工健康的工作环境。实时监控、可视化，以及分析技术，可以决定人或机器的下一个最佳行动、做出权衡、触发干预。

（3）环境可持续性：光照度传感器通过在晴天时调低人工照明，自然光不足时增加人工照明，从而最大化自然光对建筑的贡献。自动百叶窗使用这些传感器来避免过热或过多的光，并决定何时停用，以最大化自然光和自然带来的"免费供暖"。

（4）下一步最佳行动：结合 BIM 提供的室内路网数据，可以协助运维技术人员快速到达维修现场和合理安排一系列维修故障的执行顺序，减少来回奔波时间。传感器记录了维修技术员的到达和离开信息，可直接与服务账单挂钩。移动设备和劳动力优化解决方案实时适应技术人员的行为模式，通过计算下一个最佳行动来最优化可用资源，例如让技术人员完成维修工作后，留在现场执行计划中的维护作业，从而显著提高生产力及客户响应能力。

（5）人流量：综合 BIM 和建筑实时感知数据，总结并理解用户行为，提供基于情境的观察，从而提高运行的有效性、响应速度和灵活性，提供最终用户满意度，并能够提供新的服务来产生新的收入。

## 9.2 BIM 与建筑实时数据交互应用开发

本节将 BIM 与建筑实时数据交互应用开发的简单示例。BIM 与建筑实时数据交互，其主要功能为将现实中传感器的数据展示在对应系统界面，同时点击界面的传感器后会展示该传感器的历史数据，其次在展示界面若某传感器数据发生异常则会触发报警，传感器监测的对应区域或构件会进行高亮显示。一方面。界面的实时数据展示和实时数据发生异常报警可以达到快速响应异常的目的，另一方面，在展示实时数据的同时也展示可交互的对应传感器历史数据变化曲线图，可以对传感器单独进行数据分析，从中获取更多信息以辅助科学决策。

### 9.2.1　功能与需求分析

该应用案例主要功能整体框架如图 9-2 所示。传感器部署于建筑室内的不同位置，其实时感知数据通过无线通信（如 WiFi、Zigbee、蓝牙等）在数据网关汇聚后，经串口、无线通信等方式传输至下位机主机或者经无线通信传输至云服务器。云服务器以 http 方式提供建筑实时感知数据访问服务。最后，融合 BIM 实现建筑实时数据展示、历史数据展示和异常报警等功能。鉴于本书重点在于 BIM 应用开发，因此对感知数据等的获取不再赘述。

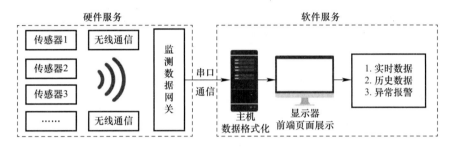

图 9-2　应用框架示意图

不失一般性，本书假设实时感知数据服务器的数据返回格式为 JSON，如图 9-3 所示。数据的键为传感器标识，值为传感器的实时感知数据。

$\{"co2":"1184","shidu":"43.1","wendu":"25.0"\}$

图 9-3　数据服务器返回的实时感知数据格式示意图

（1）实时监控。在浏览器上展示的 BIM 模型指定位置显示传感器的实时数据。

（2）历史变化曲线。点击实时数据标签后显示该传感器的历史数据变化趋势图表。

（3）实时报警。在展示的实时数据发生异常时，监测的 BIM 模型构件会进行高亮对数据异常进行报警。数据异常表示传感器检测到的数据超出事先设定的阈值。

本应用示例最终的实现效果如图 9-4 所示。主界面展现的是一个 BIM 模型，在模型上面有两个显示实时数据的标签，分别显示湿度传感器的实时数据和温度传感器的实时数据。例如，此时界面显示温度传感器的数据为 27℃，湿度传感器的数据为 100RH％。也就是说，湿度传感器当前的数据为 100RH％，这超过了预先为其定义的阈值（我们假定湿度的正常值下限为 5RH％，正常值上限为 80RH％），因此与标签绑定的构件主动变成红色来进行报警。点击温度传感器的标签，界面右边生成一个图表，该图表展示了温度传感器过去 12 小时的数据变化趋势。可以发现，过去 12 小时内，温度是逐步上升的。最低温度为 12 小时之前的 20℃，最高温度为当前的 32℃。

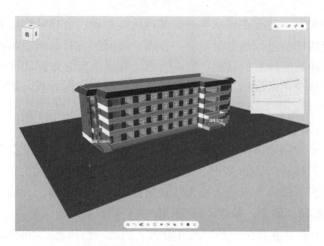

图 9-4　最终效果图

### 9.2.2　面向 BIM 的建筑实时数据可视化实现

**1. 三维引擎接口**

本小节将讲解如何实现 BIM 与建筑实时数据交互。其中在显示实时数据时，使用了 addMark（）接口函数添加显示标签；在数据异常报警当中使用了 setHighlight（）接口函数使构件高亮，从而达到报警的目的。此处简要介绍所用到的两个三维引擎接口函数。

（1）addMark（）函数

| 字段 | 类型 | 必填 | 描述 | 示例 |
|---|---|---|---|---|
| param1 | string｜null | 是 | 构件 key 或者 null | 'BuildingIOT_instruction_0wGEmGmG528Pmpk3P8MJsl'｜null |
| param2 | string｜object | 是 | 添加标签的坐标 | {x:100,y:100} |
| param3 | mark | 是 | html 字符串 | '<div></div>' |

（2）setHighlight（）

| 名称 | 描述 | 类型 | 必填 | 示例 |
|---|---|---|---|---|
| keys | 构件的 key | array | 是 | ['10001'] |

**2. 系统实现**

本部分主要介绍如何在 BIM 模型中动态显示建筑实时数据。其关键在于从建筑实时数据服务接口中获取实时数据，而后在 BIM 模型的相应位置显示实时数值。

在完成 BIM 模型可视化后，将通过 addMark 接口实现实时数据与建筑构件的绑定及动态显示。其关键代码如下：

```
var view = app.view;
var model = app.model;
function addMark(){
    var pre = 'html:<div id = "pre1" ></div>';
```

```
    view.addMark("509396040_3DtBi08dD8088X4TTzOLPn","front",pre);
    var temp = 'html:<div id = "temp2"></div>';
    view.addMark("509396040_3DtBi08dD8088X4TTzPmJX","front",temp);
}
model.on("load",function (){
    addMark();
});
var timer = window.setInterval(function(){
    $.ajax({
      'url':'http://127.0.0.1:5000/',
      'type':'get',
      success:function(data){
        var panel1 = document.getElementById("pre1");
        panel1.innerHTML = "温度" + ":" + data['wendu'] + "℃ ";
        var panel2 = document.getElementById("temp2");
        panel2.innerHTML = "湿度" + ":" + data['shidu'] + "RH% ";
        }})},3000);
```

第一行代码定义变量 view，将 api 用来控制界面的 view 对象赋值给变量 view，第二行代码将 api 中用来控制模型的 model 赋值给变量 model。

第三行代码定义了一个函数 addMark ()，其主要功能为向模型指定构件添加显示实时数据的面板。addMark () 函数体中，第一行定义了一个 id 为 pre1 且具有一定样式的 <div>，其主要展示二氧化碳浓度的面板。第六行将 pre1 面板加入到加载模型的界面，其绑定构件 509396040_3DtBi08dD8088X4TTzOOrH，显示方向为 front。函数体余下部分的代码同理。

model.on () 定义了一个回调函数，当模型加载完便执行 addMark () 函数，将显示实时数据的标签加载到模型上面。

var timer 定义了一个定时 3000ms 执行一次的函数。其函数体内定义了一个 ajax 请求，url 表示请求的目标地址，type 表示请求的类型，success 表示请求成功执行的函数。第一行代码表示获取 id 为 pre1 的元素，第二行代码表示将请求的结果中，温度的数据解析出来并且显示在指定的温度标签中。后面的代码同理。最终以标签形式在 BIM 模型中显示传感器实时数据，其效果如图 9-4 所示。

在实际工程项目中，还可以通过图文混合方式实现更直观的实时数据监控。由于 addMark 函数本身支持 HTML 显示，因此，图文混合方式显示只需要在 html 里添加必要的 <img> 标签，并适当设置 CSS 样式即可。

### 9.2.3　基于动态图表嵌入的建筑数据可视化实现

在智能建筑系统中，建筑数据可视化已不再是简单的图表创建，在交互、性能、数据处理等方面有高级的需求。建筑实时监控系统往往需要以曲线形式展现数据变化趋势，或进行对比分析，以挖掘建筑系统的潜在运行特征。本部分以 ECharts 为例，介绍如何在

BIM 中嵌入动态图表，以支撑更丰富的建筑数据可视化和实时监控。由于基于 Web 的动态图表种类多，其他图表的嵌入方法与 ECharts 相似。

ECharts 及其使用简介

Apache ECharts 始终致力于让开发者以更方便的方式创造灵活丰富的可视化作品。本部分简要介绍 ECharts 的入门使用方法。以下通过 3 个主要步骤介绍 ECharts 的入门使用。

（1）获取 ECharts

可以通过以下几种方式获取 Apache EChartsTM。

1）从 Apache ECharts 官网下载界面获取官方源码包后构建。

2）在 ECharts 的 GitHub 获取。

3）通过 npm 获取 echarts，npm install echarts-save，详见"在 webpack 中使用 echarts"

4）通过 jsDelivr 等 CDN 引入。

（2）引入 ECharts

通过标签方式直接引入构建好的 echarts 文件。

```html
<! DOCTYPE html>
<html>
<head>
    <meta charset = "utf - 8">
    <! --引入 ECharts 文件-->
    <script src = "echarts.min. js"></script>
</head>
</html>
```

（3）绘制一个简单的图表

在绘图前，需要为 ECharts 准备一个具备高宽的 DOM 容器。

```html
<body>
    <! - -为 ECharts 准备一个具备大小(宽高)的 DOM-->
    <div id = "main" style = "width:600px;height:400px;"></div>
</body>
```

然后，通过 echarts. init 方法初始化一个 echarts 实例，通过 setOption 方法生成一个简单的柱状图，下面是完整代码。

```html
<! DOCTYPE html>
<html>
<head>
    <meta charset = "utf-8">
    <title>ECharts</title>
    <! --引入 echarts. js-->
```

```html
    <script src = "echarts.min.js"></script>
</head>
<body>
    <! --为 ECharts 准备一个具备大小(宽高)的 Dom -->
    <div id = "main" style = "width:600px;height:400px;"></div>
    <script type = "text/javascript">
        //基于准备好的 dom,初始化 echarts 实例
        var myChart = echarts.init(document.getElementById('main'));

        //指定图表的配置项和数据
        var option = {
            title:{
                text:'ECharts 入门示例'
            },
            tooltip:{},
            legend:{
                data:['销量']
            },
            xAxis:{
                data:["衬衫","羊毛衫","雪纺衫","裤子","高跟鞋","袜子"]
            },
            yAxis:{},
            series:[{
                name:'销量',
                type:'bar',
                data:[5,20,36,10,10,20]
            }]
        };

        //使用刚指定的配置项和数据显示图表。
        myChart.setOption(option);
    </script>
</body>
</html>
```

　　总体上而言，使用 ECharts 包含三个步骤的内容：①创建一个 DOM 元素用于绘制图表；②准备好需要绘制为图表的数据；③使用 setOption 绘制图表。此时所形成的图表如图 9-5 所示。更多的 ECharts 示例可见其官方网站（https://echarts.apache.org/）。

　　第一行定义了一个字符串，字符串内容为一个网页的<div>块，该块的 id 为 chart，

其样式为：高度 270px，宽度为 320ox，背景颜色为♯e9fafa。第三行将该<div>块加入到显示 BIM 模型的界面，其位置距离屏幕左上角水平距离为：1420px，垂直距离为 300px。

第四行初始化了一个 echarts 图表界面，其中的 document.getElementById（'chart'）表示获取 id 为 chart 的网页元素，该元素在这之前已通过添加标签的方式加入到显示 BIM 模型的界面。

var option 定义了 ECharts 图表的参数，第一个参数 xAxis 定义图表的 x 轴类型和数据；此处定义一个 1 到 12 的数组，表示 12 个小时。第二个参数 yAxis 定义了 y 轴的类型。第三个参数 series 表示对应 x 轴、y 轴的数据。由于 x 轴有 12 个时间点，因此需要配置 12 个数据值。最终 ECharts 自动将点连成曲线，并对曲线做平滑处理。本示例直接给出了 12 个数据值。实际项目中，其值将通过数据接口获取，或建立 javascript 对象，根据实时接口获取的数据更新该数据值。

myChart.setOption（option）表示按 option 参数对图表进行渲染，最终得到的效果如图 9-5 所示。

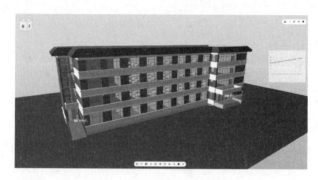

图 9-5 嵌入图表最终效果图

### 9.2.4 数据异常报警实现

数据异常报警首先需要考虑报警条件设定问题。报警条件是指系统在何种条件下执行报警。报警阈值是报警条件的常规方法。考虑现实场景中传感器监测的数据，若监测到的数据超出某个场景或某个被监测对象的最大承受能力的范围，则表明此时需要进行报警。本应用示例也使用报警阈值设定报警条件，通过设定某个传感器的上下阈值，当实时感知数据大于上限阈值或小于下限阈值时，触发系统报警。

本应用示例将报警阈值作为一个数据配置项保存于一个 threshold.js 中。此时，直接引用配置文件，就可加载报警阈值配置表。本应用示例将报警效果设定为来回高亮显示，其主要用到了前面介绍的 setHighlight（）函数，具体代码如下：

```
//引入配置好的阈值js文件:threshold.js,其中定义四个变量:
//BOTTOM_TEMPERATURE:正常温度下限,低于此温度则进行报警。
//TOP_TEMPERATURE:正常温度上限,高于此温度则进行报警。
//BOTTOM_HUMIDITY:正常湿度下限,低于此湿度则进行报警。
//TOP_HUMIDITY:正常湿度上限,高于此湿度则进行报警。
function checkAlarm(key1,key2,data,component){
```

```
if(data['wendu']<BOTTOM_TEMPERATUR||data['wendu']>TOP_TEMPERATUR)
{
      component.setHighlight([key1]);
}


var isHighlighted = false;
if(data['shidu']<BOTTOM_HUMIDITY||data['shidu']>TOP_HUMIDITY)
{
      setTimeout(function(){
        if(isHighlighted){component.removeHighlight();}
        else{component.setHighlight([key2]);}
      },1000);
```

这部分代码是 checkAlarm（）函数的主体，其参数 key1，key2 表示两个传感器构件的 key，在后面高亮会用到。参数 data 表示从硬件获取到数据。component 表示知屋安砖平台用来操作构件的 api。

第一个 if 语句表示当前从传感器获取的温度超出正常阈值的范围时，key1 对应的构件会进行高亮，从而达到报警的目的。

第二个 if 语句表示当前从传感器读取到的湿度超出正常阈值则 key2 对应的构件会进行来回高亮而达到报警的效果。

该函数用在每次将请求的数据显示在界面标签上之后，对标签的数据进行检查是否超过预先设定的阈值，若超过阈值则将超出阈值的传感器对应构件进行高亮报警，否则不进行报警。最终得到的报警效果如图 9-6 所示。此时，传感器数据异常，构件来回高亮报警。

图 9-6　报警效果示意图

# 习　　题

结合某个 BIM 模型，实现建筑综合监控系统，包括室内环境、水暖电系统及其流向、历史数据统计等。

# 参 考 文 献

［1］ 丁烈云. BIM 应用施工［M］. 上海：同济大学出版社，2015.

［2］ 李建成. BIM 应用导论［M］. 上海：同济大学出版社，2015.

［3］ 何关培. BIM 总论［M］. 北京：中国建筑工业出版社，2011.

［4］ BIM 工程技术人员专业技能培训用书编委会编. BIM 技术概论［M］. 北京：中国建筑工业出版社，
2016.

［5］ 周小平，赵吉超，王佳等. 建筑信息模型（BIM）与建筑大数据［M］. 北京：科学出版社，2020.

［6］ Chuck Eastman. BIM handbook：a guide to building information modeling for owners，managers，
designers，engineer［M］. Wiley，2011.

［7］ Kensek K. Building information modeling.［M］. Routledge，2014.

［8］ Nawari N.，Michael K. Building information modeling：Framework for structural design［M］.
CRCPress，2015. CRC Press，2015.

［9］ Yalcinkaya M，Singh V. Building Information Modeling（BIM）for Facilities Management - Litera-
ture Review and Future Needs［J］. Springer，Berlin，Heidelberg，2014.

［10］ Smith D K，Tardiff M. Building Information Modeling：A Strategic Implementation Guide for Ar-
chitects，Engineers，Constructors，and Real Estate Asset Managers［M］. Wiley，2009.

［11］ 刘爽. 建筑信息模型（BIM）技术的应用［J］. 建筑学报，2008，（2）：100-101.

［12］ 刘照球，李云贵. 建筑信息模型的发展及其在设计中的应用［J］. 建筑科学，2009，25（1）：96-
99.

［13］ 何清华，钱丽丽，段运峰. BIM 在国内外应用的现状及障碍研究［J］. 工程管理学报，2012，26
（1）：12-16.

［14］ 张建平，郭杰，王盛卫. 基于 IFC 标准和建筑设备集成的智能物业管理系统［J］. 清华大学学报：
自然科学版，2008，48（6）：940-942.

［15］ 马智亮，张东东，马健坤. 基于 BIM 的 IPD 协同工作模型与信息利用框架［J］. 同济大学学报
（自然科学版），2014（42）：1332.

［16］ 王广斌，向乃姗. 多学科设计优化在建筑工程设计中的应用［J］. 东南大学学报（自然科学版），
2010，40（S2）：235-241.

［17］ Azhar S. Building Information Modeling（BIM）：Trends，Benefits，Risks，and Challenges for the
AEC Industry［J］. Leadership & Management in Engineering，2011，11（3）：241-252.

［18］ Zhou X，Wang J，Guo M，et al. Cross-platform online visualization system for open BIM based on
WebGL［J］. Multimedia Tools and Applications，2019，78（20），28575-28590.

［19］ Zhou X，Zhao J，Wang J，et al. OutDet：an algorithm for extracting the outer surfaces of building
information models for integration with geographic information systems［J］. International Journal of
Geographical Information Science，2019，33（7-8）：1444-1470.

［20］ Bryde，David，Martí Broquetas，et al. The project benefits of Building Information Modelling
（BIM）［J］. International Journal of Project Management，2013，31（7）：971-980.

［21］ Succar，Bilal. Building information modelling framework：A research and delivery foundation for in-
dustry stakeholders-ScienceDirect［J］. Automation in Construction，2009，18（3）：357-375.

［22］ Zhou Xiaoping，Zhao Jichao，Wang Jia，et al. Parallel computing-based online geometry triangulation for building information modeling utilizing big data [J]. Automation in Construction，2019，107，102942.

[23] Jung，Youngsoo，Mihee Joo. Building information modelling (BIM) framework for practical implementation [J]. Automation in construction，2011，20 (2)：126-133.

[24] Howard，Rob，Bo-Christer Björk. Building information modelling – Experts' views on standardisation and industry deployment [J]. Advanced engineering informatics，2008，22 (2)，271-280.

[25] Shou Wenchi，Jun Wang，Xiangyu Wang，et al. A comparative review of building information modelling implementation in building and infrastructure industries [J]. Archives of computational methods in engineering，2015，22 (2)，291-308.

[26] Turk，Žiga. Ten questions concerning building information modelling [J]. Building and Environment，2016，107，274-284.